30 Minuten
Second Brain

Stephanie Selmer

Bibliografische Information der Deutschen Nationalbibliothek. Die Deutsche Nationalbibliothek verzeichnet diese Publikation in der Deutschen Nationalbibliografie; detaillierte bibliografische Daten sind im Internet über http://dnb.d-nb.de abrufbar.

ISBN 978-3-96739-170-1

Umschlaggestaltung: die imprimatur, Hainburg
Umschlagkonzept: Buddelschiff, Stuttgart | www.buddelschiff.de
Lektorat: Silke Martin, Kriftel
Autorenfoto: Markus Bohl
Satz und Layout: Zerosoft, Timisoara (Rumänien)
Druck und Bindung: Salzland Druck, Staßfurt

© 2023 GABAL Verlag GmbH, Offenbach

Ein Hinweis zu gendergerechter Sprache: Die Entscheidung, in welcher Form alle Geschlechter angesprochen werden, obliegt den jeweiligen Verfassenden.

Wir drucken in Deutschland.

www.gabal-verlag.de
www.gabal-magazin.de
www.twitter.com/gabalbuecher
www.facebook.com/gabalbuecher
www.instagram.com/gabalbuecher

PEFC zertifiziert
Dieses Produkt stammt aus nachhaltig bewirtschafteten Wäldern und kontrollierten Quellen.

www.pefc.de

Wir übernehmen Verantwortung! Ökologisch und sozial!

- Verzicht auf Plastik: kein Einschweißen der Bücher in Folie
- Nachhaltige Produktion: Verwendung von Papier aus nachhaltig bewirtschafteten Wäldern, PEFC-zertifiziert
- Stärkung des Wirtschaftsstandorts Deutschland: Herstellung und Druck in Deutschland

Wissen auf den Punkt gebracht

Dieses Buch ist so konzipiert, dass Sie in kurzer Zeit prägnante und fundierte Informationen aufnehmen können. Mithilfe eines Leitsystems werden Sie durch das Buch geführt. Es erlaubt Ihnen, innerhalb Ihres persönlichen Zeitkontingents (von 10 bis 30 Minuten) das Wesentliche zu erfassen.

Kurze Lesezeit

In 30 Minuten können Sie das ganze Buch lesen. Wenn Sie weniger Zeit haben, lesen Sie gezielt nur die Stellen, die für Sie wichtige Informationen beinhalten.

- Schlüsselfragen mit Seitenverweisen zu Beginn eines jeden Kapitels erlauben eine schnelle Orientierung: Sie blättern direkt zu dem Thema, das Sie besonders interessiert.
- **Zahlreiche Zusammenfassungen innerhalb der Kapitel erlauben das schnelle Querlesen.**
- Ein Fast Reader am Ende des Buches fasst alle wichtigen Aspekte zusammen.
- Ein Register erleichtert das Nachschlagen.

Inhalt

Vorwort

Wir leben nicht einfach in einer Wissensgesellschaft, sondern in einer Zeit, in der aus dem vorhandenen Wissen neue Erkenntnisse und Ideen gewonnen werden müssen, um Probleme lösen zu können. Doch dieser zweite Schritt setzt voraus, dass wir Wissen aufgenommen und wiederverwertbar gespeichert haben.

Das ist gar nicht so einfach. Die Informationsüberflutung und Wissensexplosion nehmen einen großen Teil unserer Aufmerksamkeit in Anspruch. Aktuelle Schätzungen gehen davon aus, dass sich das Wissen der Welt alle fünf bis zwölf Jahre verdoppelt, wobei sich mit immer neuen Möglichkeiten der Datenspeicherung oder -übertragung diese Rate weiter beschleunigt. Kein Wunder, dass auch intelligente und gebildete Menschen, von dieser Flut gestresst, immer wieder auf niedliche Katzenvideos zurückkommen.

FOMO (Fear of missing out), also die Angst, etwas Wichtiges zu verpassen, tut das ihre zur Verunsicherung. Sichtbar ist sie in erster Linie an dem Stapel (oder sind es schon mehrere Stapel) der ungelesenen Bücher und Zeitschriften, die Sie vermutlich auch kennen oder sogar besitzen. Doch auch viele Artikel, die Sie im Web finden können, sind potenziell wichtig oder wenigstens interessant. Nahezu jede Plattform gibt uns die Möglichkeit, Artikel „für später" zu speichern, und auch diese Speicher quellen förmlich über.

Wenn uns jedoch das reine Wissen schon gar nicht mehr ausreicht, um Ideen und Lösungen zu generieren, müssen wir einen Weg finden, schon die Wissensaufnahme und -speicherung für uns selbst so einfach und so effizient wie möglich zu gestalten, um den nächsten Schritt gehen und dieses Wissen kreativ nutzen zu können.

Schaffen wir das, haben wir die Möglichkeit, bisher ungeahnte Ideen zu entwickeln.

Ein persönliches Second Brain hilft Ihnen dabei. Sie lagern Informationen aus und verbinden sie nach Möglichkeit miteinander. Auch im Alltag denken wir so vernetzt und nicht in Kategorien – nutzen wir das.

Ich wünsche Ihnen viele neue Erkenntnisse bei der Umsetzung.

Stephanie Selmer

1. Was ist ein Second Brain?

Auf den ersten Blick sieht es ein wenig so aus, als wäre das Second Brain nur ein weiterer Trend, der aus den USA nach Europa schwappt. Doch hat tatsächlich ein deutscher Wissenschaftler diese Methode, Wissen und Gedanken zu speichern und miteinander zu verknüpfen, wirklich bekannt gemacht. Mit seinem Zettelkasten hat der Soziologe Niklas Luhmann das vernetzte Denken für sich und seine Arbeit genutzt. Dort hat er durch seine klare Auswahl der Inhalte und immer gleiche Struktur der Informationen die Möglichkeit gehabt, zwischen den einzelnen Informationen eigene Ideen und Gedanken festzuhalten. Dieses ausgeklügelte System hat ihn unglaublich produktiv werden lassen.

Sein System, durch das er so viele Bücher und Fachartikel mit neuen und spannenden Ideen verfassen konnte, wurde schnell auch für Nicht-Akademiker interessant. Was wäre, wenn man auf sein Wissen immer wieder und ohne große Anstrengung zurückgreifen könnte?

Mit der Zeit verschwamm die Idee des Zettelkastens jedoch immer mehr und so fließen in heutige Second-Brain-Ansätze auch immer Zeitmanagement- und Selbstoptimierungsmethoden mit ein.

1.1 Mehr als ein Wissensspeicher

Wenn Sie im Web nach dem Begriff „Second Brain" suchen, finden Sie Unmengen an Erfolgsberichten und tollen You-Tube-Videos, in denen davon erzählt wird, wie zufrieden diese Menschen sind, seit sie ein Second Brain für sich etabliert haben. In nahezu allen Beiträgen wird schon in der Einleitung Niklas Luhmann genannt. Die Zahl seiner Veröffentlichungen treibt jeden an, der mit Wissen arbeitet und sich durch die Informationsflut überfordert fühlt.

Die Besonderheit des Second Brain liegt jedoch nicht im Erfassen und Speichern von Wissen, sondern in der Verknüpfung der einzelnen Informationen untereinander.

Vernetztes Denken im Alltag

Tatsächlich denken wir im Alltag vernetzt. Es liegt uns viel eher, Verknüpfungen zwischen einzelnen Kategorien herzustellen, als viele es häufig annehmen.

> **Projektplanung:**
> Während Sie das Budget für einzelne Projektschritte planen, denken Sie automatisch auch an den zeitlichen Ablauf, weil der wiederum Auswirkungen auf das Budget hat. Beim Gedanken an den zeitlichen Ablauf fallen Ihnen gleich erste Stolpersteine ein, die ihn ins Wanken bringen können.
> Dabei greifen Sie auf Erfahrungen aus vorherigen Projekten zurück, finden Querverbindungen und abstrahieren, was sich in Ihrem aktuellen Projekt von den anderen unterscheidet.
> Außerdem fällt Ihnen beim Stichwort „Zeitplanung" auch gleich ein, dass es für das Projektteam noch keinen gemeinsamen Urlaubskalender gibt und die Sommerferien gefährlich nah heranrücken.

Kategorisierung von Informationen

Sobald wir jedoch Informationen aufnehmen, die wir speichern wollen, und dabei fürchten, etwas zu vergessen, beginnen wir, diese Informationen zu kategorisieren.

Notizen zu einem Buch fassen wir unter dem Titel des Buches zusammen. Arbeiten wir Artikel aus Fachmagazinen durch, nehmen wir häufig nicht nur den Titel, sondern auch die Heftnummer oder sogar das Erscheinungsjahr für unsere Struktur dazu. So entstehen viele kleine Informationssilos, in denen das Wissen gespeichert ist, jedoch nicht effektiv genutzt werden kann.

Die Notizstruktur sieht dann vermutlich so aus:

Notizenbuch

Notizen zu Büchern

Buchtitel

Alle Notizen

Idee

Abb. 1: Beispiel einer Notizstruktur

Die einzelnen Gedanken, die wir zu einem Buch festhalten möchten, sind unter dem Buchtitel und meist auch in einem Unterordner ausschließlich für Buchnotizen einsortiert.

Dieses Vorgehen hat gleich mehrere Nachteile. Die zwei wichtigsten sind:

- Fehlende Zuordnung zu einer bestimmten Quelle
- Fehlende Querverbindungen

Fehlende Zuordnung

Wenn wir bei dem Beispiel der Projektplanung bleiben, werden die Gedanken, die Ihnen dabei durch den Kopf gehen, vermutlich nicht die folgenden sein: „Ach, das erinnert mich an etwas, was ich mal gelesen habe. Das war in der Fachzeitschrift der Gesellschaft für Projektmanagement, muss ungefähr drei Jahre her sein … Ja genau, es war in Heft 02/2019. Worum ging es denn da noch mal …?" Wenn Ihr Denken so funktioniert, sind Sie mit der gerade angesprochenen Notizstruktur vielleicht sogar gut beraten.

Die meisten von uns denken jedoch andersherum: „Ach, das erinnert mich an etwas, was ich mal gelesen habe. Da ging es um Meilensteinplanung und wie viel Puffer man bei der Terminplanung am besten berücksichtigt. In welchem Magazin war das noch gleich …? Oder war das in einem Buch …?"

Wenn Sie also analoge Notizen aufnehmen oder in den digitalen nicht effizient suchen können, haben Sie kaum eine Chance, die Quelle wiederzufinden. Die Zuordnung einer Information, eines Wissensstückchens zu einer bestimmten Quelle macht uns das Wiederfinden also nur unnötig schwer.

Fehlende Querverbindungen

Noch schlimmer ist jedoch, dass wir mit dieser Struktur keine Querverbindungen der Wissensstückchen unterein-

ander herstellen können. Wenn Sie also in einem Fachartikel die Information lesen, dass bei der Meilensteinplanung
in einem Projekt am besten gar kein zeitlicher Puffer ein-
geplant werden sollte, Sie später jedoch in einem Buch lesen,
dass zehn Prozent der Zeit als Puffer ratsam sind, kann es
durchaus sein, dass Sie die Verbindung zwischen beiden
Informationen nicht mehr herstellen können. Sie kommen
also gar nicht dazu, die Informationen gegenüberzustellen,
sie mit Ihren eigenen Erfahrungen zu vergleichen und als
i-Tüpfelchen eigene Schlüsse zu ziehen oder neue Lösungsideen zu entwickeln. Das ist besonders dann der Fall, wenn
zwischen den beiden Informationen viel Zeit liegt oder Sie
in der Zwischenzeit viele andere Informationen aufgenommen haben.

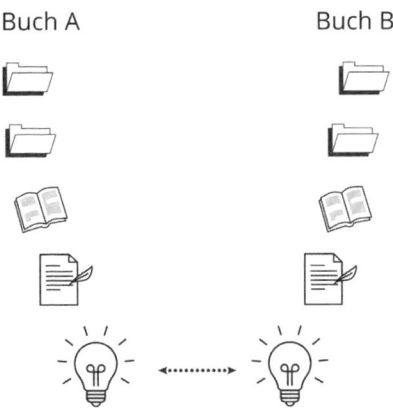

Abb. 2: Ideensammlung ohne Querverbindung

Im Alltag denken wir vernetzt. Das ist so lange möglich, wie uns die Informationen im Kopf bleiben und wir direkt wieder an sie denken. Wollen wir Informationen für einen längeren Zeitraum speichern, kann die Art der Archivierung im schlimmsten Fall Querverbindungen untereinander verhindern.

1.2 Vorteile eines Second Brain

Die Vorteile eines Second Brain liegen auf der Hand:
- Ermöglicht vernetztes Denken
- Macht Wissen lange wiederverwertbar
- Fördert das Finden von neuen Ideen und Lösungen

Abb. 3: Querverbindungen durch Second Brain herstellen

Mit einem Second Brain liegen alle Informationen auf der gleichen Ebene und Sie haben die Möglichkeit, Verbindungen problemlos zu knüpfen.

Das macht es Ihnen möglich, nach Stichworten zu suchen und vor allem Querverbindungen untereinander einfach herzustellen.

Altersloser Wissensfundus

Das Wissen, das Sie mit der Zeit ansammeln, altert praktisch nicht. Das heißt nicht, dass es nicht durch neue Erkenntnisse überholt werden kann, sondern dass Sie immer den gleichen Aufwand für den Zugriff auf die einzelnen Wissensstückchen haben, unabhängig von ihrem Alter. In Ihr vernetztes Denken fließen so also auch Informationen ein, die mitunter schon lang verschüttet wären, wenn Sie sie in einer Silostruktur gespeichert hätten.

All das ermöglicht es Ihnen, Ideen aus der Verknüpfung von Informationen aus ganz unterschiedlichen Bereichen zu entwickeln.

Neue Ideen im Alltag suchen – Beispiel: Verknüpfen von Nudeln und Tomaten: Bei dieser Kombination denken Sie vermutlich gleich an eine Portion Nudeln mit Tomatensauce. Sie können die Informationen „Nudeln" und „Tomatensauce" jedoch auch anders miteinander verknüpfen. Sie könnten beispielsweise die neue Idee „Spaghetti mit Tomatensauce" entwickeln. Zugegeben ist diese nicht bahnbrechend, es geht lediglich um das Prinzip. Farfalle, Tortellini oder Tagliatelle wären weitere Abwandlungen. Auch auf der Seite der Tomaten könnten Sie neue Abwandlungen austesten. Statt einer einfachen Tomatensauce könnte es eine Tomaten-Sahne-Sauce oder eine mit Fisch werden. Doch ist Ihnen bei der Verknüpfung vielleicht auch die Idee gekommen, dass Nudelteig schon bei der Herstellung mit Tomaten rot gefärbt und aromatisiert werden könnte?

Liegen alle Informationen auf der gleichen Ebene, ist es einfacher, sie wieder zu erreichen und untereinander zu verbinden. So sind Verknüpfungen auch unabhängig vom Alter oder der Quelle möglich.

1.3 Mit welchem Aufwand muss ich rechnen?

Es ist wie mit allen Veränderungen im Leben: Sie brauchen Zeit. Wie lange es dauert, bis Sie Ihr persönliches Second Brain aufgestellt und auch nachhaltig etabliert haben, hängt ganz von Ihren eigenen Voraussetzungen ab. Wer sein Second Brain regelmäßig füttert, schafft es schneller, wer sich nur ein- oder zweimal in der Woche darum kümmert, braucht länger. Wichtig ist, dass Sie dem Prozess eine Chance geben und ihn eine Zeit lang konsequent verfolgen.

Richten Sie sich auf die folgenden Schritte ein, damit Ihnen das Abschätzen der Zeit etwas leichter fällt:
1. Das Prinzip verstehen
2. Ihr persönliches Set-up finden
3. Es an die eigenen Bedürfnisse anpassen
4. Initial Wissen einfließen lassen
5. Eine Routine finden

1. Das Prinzip verstehen

Lernen Sie das Prinzip des Second Brain kennen. Gerade der Schritt des Verknüpfens ist häufig schwierig, weil es uns in unserer bisherigen Art, Notizen zu erstellen, kaum begegnet. Geben Sie sich also Zeit, bis Sie alle Schritte wirklich verstanden haben.

2. Persönliches Set-up finden

Ihr persönliches Set-up für Ihr Second Brain kann sich grundlegend von dem anderer Personen unterscheiden. Auch mein Set-up, das ich Ihnen in diesem Buch als Beispiel zeige, muss für Sie nicht funktionieren. Finden Sie heraus, ob Sie Ihr Second Brain analog oder digital führen wollen und welche Umgebung, Programme oder Materialien Sie dafür verwenden möchten.

3. An die Bedürfnisse anpassen

Passen Sie dann alles an Ihre eigenen Bedürfnisse und Vorlieben an. Ich liebe es, Programme auf den Dunkelmodus umzustellen, sofern es einen gibt. Überlegen Sie beispielsweise auch, welche Farben Sie nutzen möchten, wenn Sie etwas markieren. In diesem Schritt testen Sie jedoch auch, ob Sie Automatisierungen nutzen können, die Sie schon für sich etabliert haben, oder ob es sogar ganz neue Möglichkeiten gibt.

Testen Sie gründlich

Nehmen Sie sich gerade für die letzten beiden Schritte ausreichend Zeit. Wenn Sie merken, dass Ihre Wunschapp nicht alle Funktionen zur Verfügung stellt, die Sie sich wünschen, können Sie noch problemlos umsteigen. Auch wenn Sie schon die ersten Notizen abgelegt und verknüpft haben, ist das möglich. Doch je mehr Material sich in Ihrem Second Brain befindet, desto schwieriger wird es, die Umgebung zu wechseln.

3a. Set-up allmählich entwickeln

An dieser Stelle wird es etwas kniffelig. Ihr eigenes Set-up finden Sie verlässlich erst dann, wenn Sie schon mit und an Ihrem Second Brain arbeiten. Doch damit Sie nicht viel Energie in ein Tool und ein Set-up stecken, das Ihnen nicht liegt, wollen Sie nicht allzu viele Informationen in ein Tool fließen lassen, das Sie möglicherweise nicht lange nutzen werden.

Ich empfehle Ihnen daher, den Prozess mit einer festen Anzahl an Informationen intensiv durchzuspielen. Mir haben zwanzig Notizen ausgereicht, um festzustellen, welches Tool ich nutzen möchte, welche Farbeinstellungen ich gern sehe und welcher Aufbau einer Information mir gut liegt. Darauf komme ich in Kapitel 6.2 noch einmal zurück.

4. Initial Wissen einfließen lassen

Lassen Sie nun nach und nach Wissen in Ihr Second Brain einfließen. Initial wird dies besonders das Wissen sein, das Sie schon haben. Achten Sie darauf, dass Sie nichts aufnehmen, dass Ihnen schon in Fleisch und Blut übergegangen ist. Den Schritt, die Inhalte zu filtern, beschreibe ich später noch genauer.

5. Eine Routine finden

Der letzte Schritt ist, dass Sie eine Routine entwickeln, mit der Sie mit Ihrem Second Brain arbeiten. Gerade eine neue

Gewohnheit zu entwickeln ist besonders schwierig. Planen Sie also auch für diesen Schritt ausreichend Zeit ein und seien Sie geduldig mit sich selbst.

Die Besonderheit des Second Brain liegt nicht im Erfassen und Speichern von Wissen, sondern in der Verknüpfung der einzelnen Informationen untereinander. Nur so kann Wissen auf lange Sicht auffind- und abrufbar organisiert werden.

- Im Alltag denken wir vor allem vernetzt, um Informationen zu bündeln und zu kategorisieren. Die Gefahr beim Speichern von Informationen liegt darin, dass durch falsche Archivierung Querverbindungen verborgen bleiben.
- Daher ist es wichtig, alle Informationen auf derselben Ebene abzuspeichern, um Verbindungen herzustellen.
- Um ein funktionierendes Second Brain zu etablieren, braucht es etwas Zeit. Während des Aufbaus lohnt es sich, das eigene Set-up genau zu planen und zu testen. Damit vermindern oder vermeiden Sie spätere Überarbeitungen, die viel Zeit kosten können.

Wie bereiten Sie den Rahmen vor?

Warum bedarf es einer Bewertung der bevorzugten Lösung?

Wieso ist es wichtig, bei der Informationssuche in die Tiefe zu gehen?

2. Warum haben Brainstorming & Co. ausgedient?

Wer nach neuen Ideen oder Lösungen sucht, denkt schnell an ein Brainstorming. Diese und viele weitere Kreativitätstechniken versprechen uns, dass wir schnell eine Lösung finden können.

Doch diese Techniken kommen schnell an ihre Grenzen, wenn wir ganz neue Lösungen finden wollen, uns also die Referenzpunkte fehlen.

Das liegt vor allem an drei Dingen, die das viel zitierte „Connecting the dots" verhindern: dem Rahmen, der Bewertung und der Tiefe.

2.1 Der Rahmen

Der Rahmen eines Brainstormings lädt uns ein, Lösungen zu finden, die wir an einer anderen Stelle schon einmal gesehen haben. Wir vergleichen die aktuelle Situation mit anderen, die wir in der Vergangenheit erlebt haben, und prüfen, ob die vergangene Lösung auch aktuell wieder passt.

Beispiel: Dokumentenübermittlung
Wollte man noch in den 1990ern den Abzug eines Dokumentes schnell mit einer Person teilen, war es gängig, dieses per Fax zu verschicken.

Stehen wir heute vor der gleichen Aufgabe und müssen ein Dokument schnell teilen, würden wir eine E-Mail versenden und einen Scan des Dokumentes anhängen. Je nach Dateigröße und technischen Möglichkeiten würden wir vielleicht einen virtuellen Speicherort nutzen und die Person zum Zugriff berechtigen. Und es gibt noch einige andere zeitgemäße Möglichkeiten.

Ein Fax zu versenden wäre jedoch eine der denkbar schlechtesten Lösungen, die wir nutzen würden, schließlich haben neue Technologien diesen Kommunikationsweg in vielen Fällen überflüssig gemacht.

Alte Lösungen für aktuelle Probleme

Damit liegt bei diesem Vorgehen der Fokus auf alten Lösungen. Es ist gar nicht das Ziel, neue Lösungen zu finden, sondern eine, die in der Vergangenheit schon funktioniert hat. Nüchtern betrachtet liegt es auf der Hand, dass das nicht unbedingt die beste Lösung sein muss.

Das Beispiel, ein Dokument per Fax zu versenden, ist plakativ einfach. Doch in der Komplexität der heutigen Herausforderungen geraten dieser Blick und damit die Prüfung schnell aus den Augen. Es ist uns gar nicht mehr möglich, komplexe Probleme in der notwendigen Tiefe mit den früheren Problemen zu vergleichen, um dann einschätzen zu können, ob eine ähnliche Lösung überhaupt funktionieren würde. Darum vergleichen wir im Rahmen eines Brainstormings wenigstens einige Punkte des aktuellen Problems mit denen des früheren. Dabei können wichtige Punkte aus dem Blick geraten. Im nächsten Kapitel beschreibe ich das etwas genauer. Das bedeutet, dass alte Lösungen auf neue Probleme angewandt werden, ohne vorher ihre Sinnhaftigkeit zu hinterfragen.

Viele auf den ersten Blick kreative Methoden zur Lösungsfindung lenken den Fokus auf Konzepte, die in der Vergangenheit für ähnliche Probleme funktioniert haben. Neue Lösungen für Probleme, die es in der Vergangenheit noch nicht gab, lassen sich so aber nicht finden.

2.2 Die Bewertung

Ein weiterer Punkt ist die sofortige Bewertung, die häufig sogar nur unterbewusst geschieht. Wir können uns gar nicht dagegen wehren, dass wir eine mögliche Lösung gleich auf ihre Machbarkeit prüfen. Das liegt daran, dass wir die Problemstellung mit der früheren vergleichen können, und schon fallen uns Unterschiede auf, die die Lösung unpassend erscheinen lassen.

Vorsicht vor Gruppendynamik
Führen Sie das Brainstorming in einer Gruppe durch, ist auch häufig die Gruppendynamik dafür verantwortlich, dass kreative und unkonventionelle Lösungen gar keine Chance bekommen. Im Team achten wir häufig verstärkt darauf, seriöse und machbare Ansätze zu präsentieren. Selbst wenn wir auf eine kreative Idee kommen, werden wir sie möglicherweise gar nicht vorbringen aus der Angst heraus, sich „zu blamieren".

Hierarchien, Konflikte oder Konkurrenzsituationen tun ihr Übriges. Sie sorgen dafür, dass einige Personen besonders still sind, sich zurücknehmen und Ideen nicht preisgeben. Sie sorgen aber auch dafür, dass andere dominant auftreten, damit eigene oder präferierte Ideen in den Vordergrund drängen und damit der ganzen Gruppe eine Denkrichtung vorgeben.

Kein Platz für kreative Lösungen

Doch dadurch werden kreative Lösungsansätze, die vielleicht noch etwas hätten reifen müssen, schon im Keim erstickt. Eine solche Bewertung sorgt auch dafür, dass, wenn auch nur unbewusst, ein großer Teil möglicher Lösungen von vornherein ausgeschlossen wird. Nur selten ist der erste Ansatz einer Lösung auch der, der letztendlich umgesetzt wird. Die in einem Brainstorming unterdrückte Idee hätte also mit ein wenig Ausarbeitung eine passable Lösung werden können. Doch so weit wird sie es nie schaffen.

Brainstorming allein durchführen

Da Sie Ihr Second Brain vermutlich erst einmal auch nur für sich selbst aufbauen möchten, wäre vielleicht auch ein Brainstorming, das Sie allein durchführen, ein erster Ansatz.

Dabei sind Sie jedoch nur auf Ihre eigenen Gedanken und Ideen angewiesen, es gibt noch nicht einmal Impulse von außen. Ihnen fehlen die Vielfalt und die verschiedenen Perspektiven, die Sie wiederum mit den eigenen Gedanken verknüpfen könnten.

Ein weiteres Problem ist, dass es sehr schwer ist, bei einem alleinigen Brainstorming das richtige Ende zu finden. Manche Menschen beenden es zu schnell und haben nur wenige oberflächliche Ideen. Andere beenden es zu spät und neigen dazu, die ganze Fragestellung zu durchdenken.

Auch all das kann zu ungewollten und verzerrten Bewertungen führen, noch bevor ein guter Lösungsansatz gefunden wurde.

Die meist unbewusste Bewertung bei einem Brainstorming kann dazu führen, dass gute Ideen schnell ausgeschlossen werden. Dabei ist es unwichtig, ob die Bewertung durch die Person geschieht, die die Idee hat, oder durch die anderen Teilnehmer und Teilnehmerinnen des Brainstormings.

2.3 Die Vielschichtigkeit

Der in meinen Augen wichtigste Grund, warum das Brainstorming und viele andere Kreativitätstechniken nicht das einzige Mittel der Wahl für neue Lösungen sein sollten, ist jedoch die Aktualität der Informationen. Bei den meisten Kreativitäts- und Lösungsfindungstechniken fallen uns erst einmal Dinge ein, die wir kürzlich erlebt haben. Das kann alles von Erlebnissen über Buch- oder Magazinpassagen bis hin zu Gesprächen sein. Erst später denken wir an prägende Erlebnisse aus unserer Vergangenheit. Dabei gehen wir gedanklich schnell bis in die Kindheit zurück. Eher abstrakte Informationen, die wir irgendwann dazwischen aufgenommen haben, bleiben lange vergraben, besonders wenn dies eher beiläufig geschehen ist.

Auch zwischen den Schichten suchen

Stellen Sie sich das Vorgehen bei einem Brainstorming vor wie einen großen Stapel aus Notizzetteln, auf den Sie alle neuen Informationen legen. Anfangs greifen Sie nach den Zetteln, die ganz oben liegen. Vielleicht finden Sie hier eine Lösungsidee, die Sie auf den ersten Blick als praktikabel ansehen. Dann suchen Sie gar nicht erst weiter. Sobald Sie nicht die gewünschte Lösung finden, stellen Sie den gesamten Korb auf den Kopf und fördern so zutage, was ganz unten lag. Doch all die kleinen Informationen, die dazwischenliegen, schauen Sie in diesem Prozess gar nicht an. Sie müssen schon sehr lange im Prozess der Lösungsfindung bleiben, um auch die Informationen dazwischen miteinzubeziehen. Aber gerade hier könnte die ideale Lösung liegen.

Projektmanagement

In einem Projekt möchten Sie den Fortschritt visualisieren. In einem Brainstorming möchten Sie mit Ihren Kolleginnen und Kollegen eine Bildsprache entwickeln. Gerade wenn Sie sonst nicht besonders viel visualisieren, fehlen Ihnen womöglich die Impulse aus der jüngsten Vergangenheit. Also springen Sie schnell in die weiter entfernte Vergangenheit zurück, um Symbole zu finden.

In Ihrer sehr frühen Vergangenheit haben Sie einen abstrakten Begriff wie „Erfolg" möglicherweise mit einem Pokal verbunden und würden ihn auch genau so visualisieren.

Passt das noch mit Ihrem heutigen Verständnis vom Erfolg eines Projektes zusammen? Vielleicht sind es heute eher zufriedene und lächelnde Gesichter der Nutzer, für die dieses Projekt durchgeführt wird.

Viele gängige Kreativitätstechniken eignen sich kaum zum Finden neuer Lösungen. Die drei häufigsten Gründe liegen darin,

- dass nach Lösungen zu früheren Problemen gesucht wird, während das Problem ein ganz neuartiges sein kann,
- dass Ideen schon während des Brainstormings wenigstens unbewusst bewertet werden und kreative Ideen dabei entweder gar nicht genannt werden oder unbeachtet bleiben und
- dass sich die Suche meist auf kürzlich entdeckte Informationen beschränkt.

Für wen lohnt sich ein Second Brain?

Wie entstehen „Denkautobahnen"?

Warum stellen sich Generalisten gerne breit auf?

3. Für wen lohnt sich ein Second Brain?

Eigentlich lässt sich die Antwort auf diese Frage mit einem Satz zusammenfassen: **Für jeden, der mit Wissen arbeitet und daraus neue Lösungen entwickeln möchte.**

Das Second Brain ist eng mit dem Zettelkasten von Nikolas Luhmann verknüpft. Der Soziologe war mit diesem Hilfsmittel unglaublich produktiv, verfasste eine Vielzahl von Fachartikeln und Büchern innerhalb seines Fachgebietes und verarbeitete jedes Stück Papier zu einem Zettel.

Heute leben wir mehr denn je in einer Wissensgesellschaft. Es wird immer wichtiger, Wissen nicht nur aufzunehmen, sondern neue Ideen daraus generieren zu können. Deswegen eignet sich ein Second Brain heute nicht mehr nur für Wissenschaftler, sondern auch für alle Wissensarbeiter und Generalisten.

Das heißt, Sie können sowohl in die Tiefe als auch in die Breite arbeiten.

3.1 In die Tiefe arbeiten

Viele, die sich mit einem Fachthema befassen, möchten gern in die Tiefe arbeiten. Sie durchdringen ein Thema, um es von allen Seiten zu beleuchten. Auch hier gibt es viel Neues zu entdecken. Denn bei der Betrachtung eines Themas in der Tiefe spielen immer die eigenen Erfahrungen mit hinein.

Wie Sie also ein Thema betrachten, ist von Ihnen ganz persönlich, Ihren Erfahrungen und Erwartungen abhängig.

Vor- und Nachteile für Spezialisten

Der Aufbau des Second Brain für einen Spezialisten hat Vor- und Nachteile. Ein großer Vorteil ist es sicher, dass Spezialisten in vielen Bereichen noch immer sehr gefragt sind. Sie setzen sich in diesen Fällen gegen die Generalisten durch und haben so beispielsweise häufig bessere Chancen auf dem Arbeitsmarkt.

Beispiel:

Ein Freund von mir hat sein Second Brain schon vor Jahren als Spezialist aufgebaut. Er nimmt nur Informationen auf, die sich rund um das Thema „Projektmanagement" drehen. Da macht man ihm nichts vor: Er weiß ganz genau, wie verschiedene Theorien funktionieren, wie sich Prozesse am besten gestalten lassen und wo es gerne mal kracht in einem Projekt. Mit diesem Wissen war er ganz vorne mit dabei, als die große Welle des agilen Arbeitens in den Projektalltag schwappte. Er konnte diesen Trend sogar schon lange vorhersagen und auch, dass der Hype darum bald wieder abebben und Agilität in einem gewissen Maße ganz normal werden würde. Natürlich nimmt er auch andere Themen auf, die sich in Randbereichen befinden. Seine goldene Regel ist jedoch, dass jede Information, die er aufnimmt, höchstens einen Knoten von seinem Kernthema entfernt sein darf.

Diese Spezialisierung und dieses tiefe Wissen haben ihn für seinen Arbeitgeber nahezu unersetzlich gemacht. Er arbeitet heute kaum noch selbst in Projekten, sondern leitet als Multi-Projektmanager wiederum andere Projektmanager an.

Die Spezialisierung auf ein Thema kann jedoch auch Nachteile haben. Einer, vor dem Spezialisten immer wieder stehen, ist der der Denkautobahnen.

Denkautobahnen

Häufig versuchen Menschen, die sich auf ein Thema beschränken möchten, sich auch ausschließlich in diesem Thema zu bewegen. Dieser Versuch schränkt sie häufig mehr ein, als dass er sie beflügelt. Durch das Arbeiten in die Tiefe bilden sich „Denkautobahnen". Je besser Sie sich mit einem Thema auskennen, desto mehr Gesetze kennen Sie rund um dieses Thema. Möglicherweise verhindert das, dass Sie neue Ideen entdecken. Sie erinnern sich vielleicht an die Ausführungen zum Brainstorming – hier finden Sie ein ganz ähnliches Phänomen.

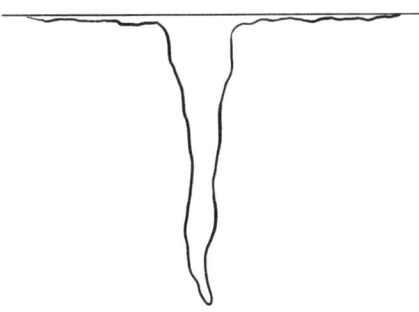

Abb. 4: In die Tiefe denken

Blick über den Tellerrand

Es lässt sich oft gar nicht vermeiden, dass auch Informationen aus anderen Themen mit einfließen. Wenn Sie Ihr Second Brain auf ein spezielles Thema ausrichten möchten, lassen Sie sich gern die Freiheit, auch Informationen aus angrenzenden Bereichen aufzunehmen. Vertrauen Sie auf Ihre Neugier: Alle Informationen, die Sie als wertvoll erachten, aufgenommen zu werden, sollten sich auch in Ihrem Second Brain befinden.

Beschäftigen Sie sich vornehmlich mit einem Thema und möchten Ihren Expertenstatus auf- oder ausbauen, kann es sich lohnen, mit Ihrem Second Brain in die Tiefe zu arbeiten.

3.2 In die Breite arbeiten

In die Breite zu arbeiten ist die Vorliebe von Generalisten. Sie dringen in die Themen genau so tief ein, bis sie ein gutes erstes Verständnis davon entwickelt haben. Das machen sie jedoch nicht nur mit einem, sondern auch mit vielen anderen unterschiedlichen Themen.

Breit aufstellen

Generalisten wissen, dass sie kein tiefes Fachwissen besitzen und sich im Zweifelsfall tiefer einarbeiten müssen, um ein Thema nicht nur an der Oberfläche zu beherrschen. Jedoch können sie mit ihrem breiten Wissen wunderbar zwischen den Disziplinen springen und oft auch vermitteln.

Abb. 5: In die Breite denken

Keine Variante ist besser

Ob Sie lieber in die Tiefe oder in die Breite arbeiten möchten, entscheiden Sie selbst. Seien Sie sicher, dass keine Ausrichtung richtig, falsch oder besser als die andere ist.

Wir brauchen sicherlich Menschen, die ein Thema bis in die Tiefe durchdringen und sich kaum mit den Randbereichen beschäftigen. Ebenso brauchen wir Menschen, die zwischen diesen Themen Verbindungen herstellen und vermitteln können.

Wer mit Wissen arbeitet und daraus neue Lösungen entwickeln möchte, kommt um das Second Brain eigentlich gar nicht mehr herum. Und dies betrifft nicht nur Wissenschaftler, sondern jeden, der in seiner Arbeit auf jede Art von Wissen angewiesen ist.

- Beschäftigen Sie sich vornehmlich mit einem Thema und möchten Ihren Expertenstatus auf- oder ausbauen, kann es sich lohnen, mit Ihrem Second Brain in die Tiefe zu arbeiten.
- Sind Sie eher ein Generalist und vielseitig interessiert, kann das Second Brain auch breit aufgestellt sein. Dabei verknüpfen Sie Informationen aus vielen verschiedenen Themengebieten.

Welche Arten von Informationen gibt es?

Seite 35

Was nährt die Angst, etwas zu verpassen?

Seite 38

Wie bewertet man die Qualität von Informationen?

Seite 41

4. Was gehört in ein Second Brain – und was nicht?

Nicht alle Informationen sollten in Ihrem Second Brain Platz finden. Manche möchten Sie lange speichern und regelmäßig wiederverwenden, andere sind schon am nächsten Tag veraltet und werden durch neue ersetzt.

Es ist also wichtig, die Informationen klar auseinanderzuhalten und unterschiedlich zu behandeln.

4.1 Die Informationsarten

Man kann Informationen in verschiedene Notizarten unterscheiden:
- Flüchtige Notizen
- Projektnotizen
- Wissensnotizen

Flüchtige Notizen

Flüchtige Notizen sind diejenigen, die am schnellsten an Aktualität verlieren. Das kann ein Einkaufszettel sein oder eine Telefonnummer, die Sie sich in Eile auf einen Zettel schreiben. Sobald Sie den Einkauf erledigt oder die Telefonnummer in Ihr Telefonbuch übertragen haben, ist die Notiz überflüssig.

Flüchtige Notizen gehören nicht in das Second Brain. Ihr Inhalt hat einen festgelegten Speicherort, wie beispielsweise die Telefonnummer, die in ein Telefonbuch gehört (ob analog oder digital), oder die Einkaufsliste, die Sie nach dem erledigten Einkauf einfach wegwerfen.

Querverbindungen fehlen

Der wichtigste Punkt ist jedoch, dass Sie aus flüchtigen Notizen kaum sinnvolle Querverbindungen herstellen können. Selbst wenn Sie herausfinden wollten, wie oft im Jahr Sie Zahnpasta kaufen, können Sie mit Querverbindungen kaum etwas anfangen, sondern müssen die Daten gesondert analysieren.

Zu den flüchtigen Notizen gehören beispielsweise:

- Der Einkaufszettel
- Die Telefonnummer eines Ansprechpartners
- Die Erinnerung an eine Aufgabe

Projektnotizen

Eine weitere Informationsart sind die Projektnotizen. Sie haben eine längere Haltbarkeit, veralten dennoch im Vergleich zu Wissensnotizen schnell. Außerdem bergen sie nur selten Wissen, sondern verweisen eher auf den aktuellen Stand eines Projekts oder liefern eine Auflistung der nächsten Schritte.

> Das Protokoll eines Meetings beispielsweise ist in der Regel höchstens bis zum nächsten Termin aktuell. In der Zwischenzeit wird es im besten Fall genutzt, um Aufgaben daraus abzuleiten, die beim nächsten Termin abgehakt werden können. Schon dort gibt es ein neues Protokoll, in dem auch alle Aufgaben wieder aufgeführt sind, wodurch das alte Protokoll in den Hintergrund rückt.

In der Regel gehören auch Projektnotizen nicht in das Second Brain. Klassischerweise werden sie in eine Struktur einsortiert, die sich an Themen oder Daten orientiert.

Zwei Denkweisen

Vielleicht fällt Ihnen an dieser Stelle auf, dass gerade bei Projektnotizen beide Denkweisen möglich sind. Bleiben wir bei dem Beispiel des Meetingprotokolls, werden in der Regel viele Projektbeteiligte auf ein bestimmtes Protokoll, meist das aus dem letzten Termin, zurückgreifen und die Punkte daraus abarbeiten wollen. In diesem Fall erfüllt die Struktur ihren Zweck, in der das Protokoll nach dem Datum der Erstellung einsortiert ist.

Es kann jedoch auch durchaus passieren, dass Projektbeteiligte nach einem Protokoll suchen, in dem ein bestimmtes Thema angesprochen wurde, ohne noch genau zu wissen, in welchem Meeting das passiert ist.

Zu den Projektnotizen gehören beispielsweise:

- Das Meetingprotokoll
- Die To-do-Liste
- Die Liste der Teilnehmer für ein Sommerfest

Wissensnotizen

Wir brauchen in unserem Second Brain in erster Linie die Wissensnotizen. Damit sind alle Gedanken gemeint, die wir aus anderen Quellen ziehen, die wir interessant und wertvoll finden und von denen wir denken, dass wir sie später noch einmal brauchen können.

Die Quellen dafür können unterschiedlich sein. Spannende Gedanken finden Sie nicht nur in Büchern oder Fachartikeln, sondern möglicherweise auch in YouTube-Videos, in Vorträgen oder in Gesprächen. Damit die Beispiele einfach und nachvollziehbar bleiben, beschränken wir uns jetzt auf Informationen aus Büchern. Sobald Sie jedoch Ihr Second Brain angelegt haben und die Schritte beherrschen, mit denen Sie es wachsen lassen, können Sie sie auf alle anderen Quellen anwenden.

Zu den Wissensnotizen gehören beispielsweise:

- Eine (bewiesene) These aus einem Buch
- Notizen zu einem Gespräch mit Fachleuten
- Ein Modell, das in einem Video beschrieben wurde

Nicht jede Art von Notizen eignet sich für ein Second Brain, etwa flüchtige oder projektspezifische Notizen. Lediglich Informationen, die nicht gleich wieder überholt sind, werden aufgenommen.

4.2 FOMO

Ein weitverbreitetes Phänomen der heutigen Zeit ist FOMO, das steht für „Fear of missing out", also die Angst, bei diesem übergroßen Informationsangebot etwas Wichtiges, Interessantes oder Spannendes zu verpassen. Häufig handelt es sich dabei um Einträge auf Social-Media-Plattformen, doch auch wenn es um Wissen geht, ist diese Angst durchaus allgegenwärtig.

Sichtbar wird sie häufig durch große Stapel ungelesener Bücher und Zeitschriften, viele gespeicherte Online-Artikel oder heruntergeladene PDFs, abgelegt, aber nicht gelesen und als Wissen verankert.

3 Tipps für den Alltag

Wie FOMO entsteht und wie man es überwinden kann, sprengt leider den Rahmen an dieser Stelle. Am Ende dieses Buches finden Sie jedoch einige Literaturempfehlungen, darunter auch einige zu diesem Thema.

Hier möchte ich Ihnen lediglich die drei Tipps vorstellen, die mir persönlich im Alltag am meisten helfen:

1. Neue Informationen sofort scannen
2. Ehrliche Betrachtung der Ressourcen
3. Ablenkungen vermeiden

Neue Informationen sofort scannen

Jedes Buch, das in meinen Bücherschrank wandern will, wird sofort erst einmal optisch gescannt. Dafür überfliege ich das Inhaltsverzeichnis und blättere durch das Buch, um zu sehen, ob wichtige Informationen in Checkboxen oder verständlichen Grafiken aufbereitet sind. So kann ich innerhalb weniger Minuten herausfinden, ob ich in diesem Buch für mich spannende und wichtige Informationen vermute, die ich später weiterverarbeiten könnte.

Ehrliche Betrachtung der Ressourcen

Dabei habe ich die Ressourcen im Blick, die mir zur Verfügung stehen.

Zum einen ist das meine **Zeit**:

⇨ Empfinde ich dieses Buch wirklich als so interessant und wichtig, dass ich meine Zeit dafür aufbringen möchte?

Zum anderen ist es die **Einzigartigkeit** der Informationen, die ich in dem Buch vermute:

⇨ Glaube ich, dass in diesem Buch Informationen sind, die ich sonst an keiner anderen Stelle oder nur mit großem Aufwand finden kann?

Ablenkungen vermeiden

Während dieses ersten Scans oder auch während ich die Informationen im Buch für mein Second Brain aufbereite, vermeide ich möglichst alle Ablenkungen. Ich persönlich nehme viele Einträge schon sehr früh morgens oder erst am Abend vor, wenn ich von Familie, Kunden und Geschäftspartnern keine Unterbrechungen erwarte. Dann schalte ich mein E-Mail-Programm aus, es läuft keine Musik und kein Video im Hintergrund, sondern ich konzentriere mich voll und ganz auf die Informationen aus dem Buch.

Informationen als Buffet betrachten

Stellen Sie sich vor, Sie stehen vor einem großen Buffet, an dem Sie sich nach Herzenslust bedienen dürfen. Sie nehmen von allem, was Sie auf den ersten Blick anspricht, eine Kleinigkeit, um es zu probieren. Beim zweiten Mal nehmen Sie entweder ganz neue Speisen oder sogar etwas von dem, was Sie schon probiert haben und was Ihnen sehr gut geschmeckt hat.

Mit Informationen verhält es sich genauso. Es gibt ein Überangebot, freunden Sie sich mit dem Gedanken an, dass Sie gar nicht alles aufnehmen können. Nehmen Sie die Informationen auf, die Ihnen gerade „schmecken", und machen Sie eine Pause, wenn Sie „satt" sind. Keine Sorge, das Informations-Buffet wird ständig aufgefüllt.

Qualität statt Quantität
Sobald Sie sich von dem Gedanken lösen, alle Informationen in Ihr Second Brain aufnehmen zu müssen, die Ihnen begegnen, können Sie sich auf die Qualität der Informationen konzentrieren, die Sie aufnehmen möchten. Das wird sich natürlich positiv auf die Qualität Ihres Second Brain auswirken.

Aus der Angst heraus, in dem ganzen Überangebot von Informationen etwas Wichtiges, Relevantes zu verpassen, neigen wir dazu, alles zu sammeln, was wir in die Hände bekommen. Doch eine strukturierte Vorgehensweise hilft dabei, nur jene Informationen für unser Second Brain zu speichern, die nützlich und wertvoll sind.

4.3 Qualitativ hochwertige Informationen

Es ist wichtig, dass Sie ausschließlich jene Informationen in Ihr Second Brain aufnehmen, die hochwertig sind. Sie sollten also gewissen Kriterien entsprechen. Erst einmal sollten sie wahr sein, sie sollten auf dem aktuellen Stand und vor allem vollständig sein, damit sie ihre ganze Wirkung entfalten können.

Wahrheit

Ob eine Information wahr oder falsch ist, lässt sich zusehends schwieriger herausfinden. Prüfen Sie die Quellen, schauen Sie andere Veröffentlichungen des Autors oder der Autorin an und recherchieren Sie die Informationen auch an anderen Stellen. Hierunter fallen auch alle Aspekte der Objektivität. Qualitativ hochwertige Informationen sind nicht von der Meinung des Autors beeinflusst.

Aktualität

Ihre Informationen sollten aktuell sein oder den Hinweis enthalten, dass und an welchen Stellen sie veraltet sind. Es kann durchaus sinnvoll sein, veraltete Informationen genauer anzuschauen, beispielsweise wenn Sie die Entwicklung eines Sachverhaltes beschreiben möchten. Doch Sie sollten keine Information als aktuell betrachten, die schon überholt ist.

Vollständigkeit

Die Informationen sollten so vollständig sein, dass sie einen Blick auf das Gesamtbild zulassen. Natürlich können sie nicht allumfassend sein, doch dürfen sie keine Lücken enthalten, deren Schließen das Gesamtbild verändern würde.

Das Buffet der verfügbaren Informationen ist überwältigend groß. Da heißt es, selektieren, klug auswählen und nur jenes Wissen speichern, das unser Second Brain auch sinnvoll ergänzt.

- Verlieren Sie sich nicht in dem Anspruch, das Wissen vollständig abzubilden, sondern gewähren Sie sich „Mut zur Lücke".
- Nehmen Sie lediglich Wissensnotizen in Ihr Second Brain auf, also solche Informationen, die nicht sofort wieder veraltet sind.
- Diese Informationen sollten wahr, objektiv, möglichst aktuell und vollständig sein.

Welches digitale Tool brauchen Sie überhaupt?

Seite 46

Warum sind auch analoge Werkzeuge weiterhin wichtig?

Seite 48

Welche Hilfsmittel sind für die Arbeit sinnvoll?

Seite 51

5. Das Second Brain in digitalen Zeiten

Eingangs hatte ich schon von Niklas Luhmann und seinem Zettelkasten erzählt und vielleicht haben Sie auch selbst schon einmal Bilder davon gesehen. Der Begriff Zettelkasten ist in dem Zusammenhang vielleicht irreführend, denn es handelte sich nicht nur um einen einzigen Kasten, sondern um eine Anordnung von insgesamt 27 Schubladen, in denen die Zettel Platz fanden.

Sie können sich vielleicht vorstellen, wie viel Platz ein analoger Zettelkasten eingenommen haben muss und wie schwierig es gewesen sein mag, einzelne Zettel wiederzufinden. Schon ein einziger falsch einsortierter Zettel konnte das ganze System stören. Dass wir heute auf digitale Mittel zurückgreifen können, macht es uns um einiges einfacher.

Vermutlich möchten auch Sie Ihr Second Brain digital führen. Damit Sie für sich das passende Tool finden, stelle ich Ihnen nun einige vor, die viele Bedürfnisse abdecken können.

5.1 Die Auswahl des digitalen Tools

Es gibt einige digitale Tools, die Sie bei der Erstellung Ihres Second Brain unterstützen können. Allerdings ist keines davon richtig oder falsch, bei der Auswahl kommt es ganz auf Ihre Wünsche und technischen Fertigkeiten an.

Hier sind wir mitten in den Schritten „Ihr persönliches Set-up finden" und „Das Set-up an Ihre Bedürfnisse anpassen" von Seite 17.

Bei meiner Suche nach dem passenden Tool habe ich mich auf drei fokussiert und ihre Funktionen miteinander verglichen:

- Zkn³ – Zettelkasten von Daniel Lüdecke
- Zettlr
- Obsidian

Alle drei stehen Stand heute kostenlos zur Verfügung.

Zkn³

Wie alle drei vorgestellten Tools kann man auch den „Zkn³ – Zettelkasten" von Daniel Lüdecke mit den gängigen Betriebssystemen Mac OS, Windows und Linux nutzen. Auf dem integrierten Schreibtisch können Sie gleich Texte verfassen, die Sie aus Ihren Zetteln gewinnen.

Direkt aus dem Tool kann man auf Online-Ressourcen zugreifen. Durch die Integration von Browser-Plug-ins und Import-Tools kann Zkn³ Webseiten, PDF-Dateien und andere digitale Ressourcen schnell und einfach erfassen und speichern.

Zettlr

Zettlr verfügt über ein eher traditionelles Notizbuch-Layout. Hier haben Sie zusätzlich die Möglichkeit, Bibliotheken zu verwenden und Notizen damit immer weiter zu kategorisieren. Sollten Sie sich für Zettlr entscheiden, sollten Sie genau dies besonders prüfen, weil es mit dem Gedanken des Second Brain, alle Informationen auf einer Ebene zu haben, bricht.

Obsidian

Zugegeben: Obsidian mutet auf den ersten Blick ein wenig nerdig an. Formatierungen und Links sind nicht über einen „What you see is what you get"-Editor erreichbar. Stattdessen muss der Text durch die entsprechenden Befehle eingekästelt werden. Wie sich das mit einem Knopfdruck erledigen lässt, beschreibe ich in Kapitel 5.3 genauer, wenn ich als weiteres Hilfsmittel das „Stream Deck" näher beschreibe.

Obsidian ist sehr anpassungsfähig und unterstützt eine Vielzahl von Plug-ins, die von einer Community entwickelt wurden. Diese Plug-ins können die Funktionalität des Tools erweitern und an die spezifischen Bedürfnisse des Benutzers anpassen. Von allen drei vorgestellten Tools verfügt Obsidian wahrscheinlich über die meisten Möglichkeiten, die Funktionen durch Plug-ins zu erweitern.

Für meinen eigenen Zettelkasten habe ich mich für Obsidian entschieden. Die Screenshots, die ich in den nächsten Kapiteln zeigen werde, beziehen sich also immer auf Obsidian. Wenn Sie sich für ein anderes Tool entscheiden, wird Ihre Ansicht anders aussehen und auch die einzelnen Bedienelemente und Shortcuts werden anders aufgebaut sein.

Bei meiner Auswahl waren mir zwei Punkte besonders wichtig:
Zum einen, dass die Daten an einem Platz meiner Wahl und in einem allgemein lesbaren Format gespeichert werden. Ich bin nicht darauf angewiesen, dass das Tool auch in der Zukunft zur Verfügung steht, und gebe meine Informationen auch nicht aus der Hand. Die Daten sind nicht in der Cloud, sondern bei mir zu Hause gespeichert und zur Sicherheit gespiegelt. Der zweite Punkt war, dass mir Obsidian optisch sehr gut gefällt. Es ist minimalistisch und bietet dabei eine schöne Übersicht über alle Verknüpfungen in meinem Second Brain.

Es gibt eine ganze Reihe von – häufig sogar kostenlosen – digitalen Tools, die Sie beim Aufbau Ihres Second Brain unterstützen. Dazu gehören zum Beispiel Zkn³, Zettlr und Obsidian. Finden Sie heraus, mit welchem Sie am liebsten arbeiten möchten.

5.2 Weitere sinnvolle analoge Werkzeuge

Ich vermute, dass Sie Ihren Zettelkasten nicht analog führen möchten. Der Platzaufwand und die Gefahr, einzelne Zettel falsch einzusortieren und nicht mehr wiederzufinden, lassen Sie wahrscheinlich ebenso wie ich auf ein digitales Tool zurückgreifen. Dennoch nutzen wir auch weiterhin einige nützliche analoge Arbeitsmittel.

Papier und Stift

Papier und Stift sind wahrscheinlich die wichtigsten analogen Werkzeuge in Ihrem Alltag. Auf meinem Schreibtisch steht ein Zettelblock und es liegt immer ein Bleistift bereit, damit ich mir jederzeit Notizen machen kann, egal welcher Art. Zu dem Zeitpunkt, zu dem ich diese Notiz mache, möchte ich nicht zwingend überlegen, ob es sich um eine flüchtige Notiz, eine Projektnotiz oder eine Wissensnotiz handelt, die ich möglicherweise auf unterschiedlichen Notizzetteln festhalten möchte. Ich schreibe einfach alles auf die gleiche Art von Notizzettel und werte erst später aus, wenn ich das nächste Mal mein Second Brain befüllen möchte.

Filtern im Vorfeld

Sie können hier schon wunderbar vorarbeiten, indem Sie Ihre Papiernotizen schon so aufnehmen, dass Sie sie später einfach in Ihr Second Brain übernehmen können. Schreiben Sie also nicht eins zu eins ab, was Sie woanders sehen, sondern halten Sie Ihr Verständnis dessen fest. In Kapitel 6 komme ich genauer darauf zurück, wie Sie Notizen aufbereiten.

Für diese Notizen auf Zetteln gibt es einen festen Platz auf meinem Schreibtisch, an dem sie liegen bleiben, bis ich sie am Abend oder am nächsten Morgen durcharbeite.

Nur wenige Ablageorte

Ich empfehle Ihnen dringend, solche Notizen jedoch nur an wenigen Orten zu sammeln. Ich versuche mich auf einen physischen und einen digitalen zu beschränken. Ob es ein

kleiner Berg auf dem Schreibtisch ist oder ein eigenes Notizbuch, bleibt völlig Ihnen überlassen. Sobald Sie jedoch
anfangen, Notizen an verschiedenen Stellen zu erfassen,
werden Sie früher oder später ins Straucheln kommen. Es
wird schnell ein Zeitpunkt kommen, an dem Sie sich nicht
mehr erinnern können, ob Sie eine Information auf einem
Notizzettel auf Ihrem Schreibtisch, auf einem Klebezettel
am Kühlschrank oder in einem Notizbuch am Arbeitsplatz
erfasst haben. Dabei soll genau darauf keine Denkleistung
verwendet werden müssen. Machen Sie es sich selbst so
einfach wie möglich.

Notizbuch

Gerade für Veranstaltungen nutze ich ein Notizbuch, damit
mir nicht einzelne Zettel verloren gehen. Das funktioniert
für mich gut, weil es sich problemlos in meinen Arbeitsalltag
integrieren lässt, dass ich sowohl die Zettel als auch die
Notizen aus dem Notizbuch durcharbeite und nicht eines
von beidem vergesse. Entscheiden Sie für sich, wie Sie es
handhaben möchten.

Textmarker und Zeichenblock

Neben Notizzetteln und dem Bleistift nutze ich Textmarker
und ab und zu einen großen Zeichenblock. Mit den Textmarkern markiere ich beispielsweise Stellen in Büchern,
die mir als besonders wichtig erscheinen und die mir später
wieder ins Auge springen sollen. Wichtig ist an dieser Stelle jedoch: Allein das Markieren macht noch nicht die Notiz
aus, die Sie in Ihr Second Brain aufnehmen möchten. Meist

nutze ich die Marker sogar nur, während ich den Inhalt eines Buches zum ersten Mal scanne.

Physische Sammelablage

Für die kleinen Notizzettel und auch besonders für Ausschnitte aus Fachmagazinen habe ich auf meinem Schreibtisch eine kleine Ablage. Fachartikel, kurze Abschnitte oder einfach Zitate reiße ich aus den Magazinen raus und parke sie in der physischen Ablage zwischen. Wichtig ist, wie alle anderen Quellen auch diese Ablage regelmäßig durchzuarbeiten. Gerade hier setzen sich Informationen häufig fest und man schiebt das Aufarbeiten vor sich her.

Auch wenn unsere Arbeitsweise zunehmend digitalisiert wird: Analoge Tools wie Stift und Papier werden Sie weiterhin benutzen. Beschränken Sie sich insgesamt auf so wenig wie möglich, doch nutzen Sie so viel wie nötig.

5.3 Nützliche Hilfsmittel

Wie schon erwähnt, möchte ich mir das reine Sammeln von Informationen so einfach wie möglich gestalten. Deswegen habe ich gerade für den digitalen Bereich ein paar Hilfsmittel im Einsatz, die es mir erleichtern, Informationen an einem Ort zusammenzutragen. Der Ort meiner Wahl ist die Inbox meiner To-do-Listen-App. Dafür habe ich mich entschieden, weil sie über eine eigene E-Mail-Adresse verfügt, ich also Informationen einfach per Mail einfügen kann. Damit bin ich vom Format weitgehend unabhängig, muss mich also nicht nur auf reine Textnotizen beschränken, sondern kann alles nutzen, was sich per E-Mail verschicken lässt.

Besonders drei Tools sind mir in meiner täglichen Arbeit wichtig:

- Stream Deck
- Zapier
- RemindMe

Stream Deck

Das Stream Deck ist eine erweiterte Tastatur, die direkt vor meinem Bildschirm steht. Die einzelnen Tasten des Gerätes kann ich individuell belegen. So kann ich einer Taste beispielsweise zuordnen, dass ein Timer gestartet werden soll, einer anderen, dass sie ein bestimmtes Programm öffnen soll, und einer weiteren, dass auf Tastendruck ein festgelegter Tastendruck oder eine Texteingabe erfolgt. All diese Eingaben kann ich auch miteinander verschachteln, weswegen ich auf Tastendruck individuelle Prozesse automatisiert ablaufen lassen kann.

Befehle automatisieren

Dazu gehört beispielsweise, dass ich eine E-Mail, die ich gerade lese, mit einem Tastendruck an den Eingang meiner To-do-Liste weiterleiten kann (mein digitaler Speicherort für jede Art von Notizen) und sofort auch ins Archiv verschiebe. Diese Aufgabe mag auf den ersten Blick nicht so kompliziert sein, als dass man sie automatisieren müsste.

In der Abfolge sind es schließlich nur ein paar kleine Klicks und Eingaben:

⇨ Klick auf „Weiterleiten"
⇨ Empfängeradresse eintippen
⇨ „Fwd:" aus der Betreffzeile löschen
⇨ Klick auf „Senden"
⇨ Drag & Drop ins Archiv

Doch gerade weil es immer die gleichen kleinen Schritte sind, lohnt es sich, diese Aufgaben zu automatisieren, bevor sie zu langweilig sind und liegen bleiben. Auch bei der Arbeit mit meinem Second Brain direkt ist mir das Stream Deck immer wieder eine Hilfe. Ich kann mir die Tastenkombinationen einfach nicht merken, mit denen ich eine neue Notiz erstelle, einen Link einfüge oder Text formatiere.

Das übernimmt also das Stream Deck für mich:

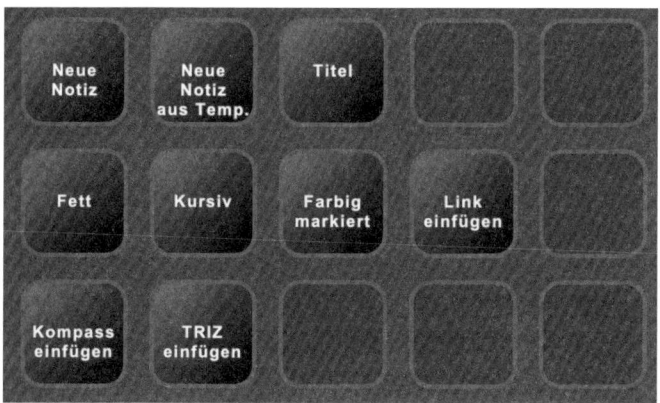

Abb. 6: Beispiel für Stream Deck

Zapier

Zapier hilft mir, Anwendungen miteinander zu verknüpfen und Aktionen automatisch starten zu lassen, wenn ein bestimmtes Event erfolgt. Mit einer solchen Automatisierung wird mir beispielsweise jedes Mal eine Notiz mit Verlinkung in die Inbox meiner To-do-Listen-App geschickt, wenn ich einen Artikel im Web auf meine Leseliste setze. Damit ist die Notiz praktisch wieder am gleichen Ort, an dem ich alle meine Online-Notizen aufnehme.

RemindMe

Der wahre Held meiner Online-Notizen ist jedoch die App „RemindMe". Auf Knopfdruck kann ich hier Texte, Fotos und Audionachrichten an die Inbox meiner To-do-Listen-App schicken. Gerade für unterwegs ist das ein echter Gewinn.

Abb. 7: Auszug aus Remind-Me

Digitale Programme, Apps oder Werkzeuge können Ihnen viel Arbeit abnehmen. Häufig gilt das nicht nur für Ihr Second Brain, denn der Einsatz ist universell und für alle Arbeitsbereiche möglich.

- Zu den beliebtesten kostenlosen digitalen Tools gehören zum Beispiel Zkn[3], Zettlr und Obsidian. Finden Sie heraus, mit welchem Sie am liebsten arbeiten möchten.
- Bei aller Digitalisierung werden Sie auch weiterhin mit einigen analogen Tools arbeiten. Stift, Textmarker und ein Textblock für schnelle Notizen zwischendurch sind immer sinnvoll.
- Auch Werkzeuge wie Stream Deck, Zapier oder RemindMe erleichtern Ihnen die Arbeit mit Ihrem Second Brain.

Wie nehmen Sie Informationen am besten auf?

Seite 62

Wie können Sie Ihre Informationen sinnvoll verknüpfen?

Seite 66

Wie gestalten Sie die Arbeit mit dem Second Brain?

Seite 77

6. Der 5-Schritte-Plan

Ich kann mir gut vorstellen, dass Sie mit diesem Set-up an Informationen nun endlich anfangen wollen, Ihr Second Brain aufzusetzen. Mit den folgenden fünf Schritten können Sie nicht nur sofort ganz einfach starten, sondern sie stellen den permanenten Prozess dar, mit dem Sie Ihr Second Brain stetig wachsen lassen und damit arbeiten können.

6.1 Lesen und notieren

Der erste Schritt besteht darin, aktiv Informationen zu sammeln. Doch wie wir Informationen aufnehmen, ist von entscheidender Wichtigkeit. Woher diese Informationen kommen, die wir in das Second Brain aufnehmen, ist zweitrangig. Das ist abhängig davon, in welchem Bereich Sie Ihr Second Brain aufbauen möchten, ob Sie es breit oder tief ausarbeiten und ob Sie sich ausschließlich auf wissenschaftliche oder auch auf anderweitig zugängliche Informationen beziehen möchten. Je nachdem, in welcher Breite Sie Ihre Informationen beziehen, können Sie auf Bücher, Fachartikel, Videos und vieles mehr zurückgreifen.

Illusion of competence
Häufig lesen wir Texte und wissen hinterher nicht mehr, was genau wir überhaupt gelesen haben. Sehen wir ein Video, ist dieser Effekt häufig sogar noch schlimmer. Mög-

licherweise bleibt uns noch die Kernidee eine Zeit lang im Kopf, doch es dauert nicht lange, bis wir anderen überhaupt nicht mehr genau erklären können, welches Ziel, welche Inhalte und welche Argumente wir aufgenommen haben.

Dieses Phänomen nennt sich „Illusion of competence": Allein durch das Lesen glauben wir, das Wissen erworben zu haben, doch tatsächlich haben wir das Wissen nicht tief genug durchdrungen. Das wird uns jedoch erst bewusst, wenn wir anschließend versuchen, die Kernbotschaften uns selbst oder anderen noch einmal zu erklären.

Erst mal nur fremdes Wissen

Es ist also wichtig, die Informationen wirklich zu verstehen, anstatt lediglich eine Kompetenzillusion aufzubauen. Leider reichen dafür die gängigen Hilfsmittel oft nicht aus. Wir markieren mit Textmarkern, unterstreichen Textstellen oder schreiben sie raus. Doch bei alldem handelt es sich immer noch um das Wissen anderer. Um eine Information wirklich zu verstehen, müssen Sie sie selbst formulieren können.

Selbst formulieren

Hier fängt die wichtige Arbeit also an. Einfach zu lesen und darauf zu hoffen, dass sich das Verständnis von selbst einstellt, ist nicht zielführend. Formulieren Sie das Gelernte mit Ihren eigenen Worten. In Ihr Second Brain können nur Informationen einziehen, die Sie selbst geschrieben haben. Textstellen per „Copy & Paste" einzufügen ist keine Option.

Je nach Komplexität der Information lohnt es sich auch, den eigenen Text umzuschreiben, Sätze umzustellen oder Ursache und Wirkung andersherum darzustellen. Feilen Sie so lange an der Information, bis sie glasklar ist. Als Check kann es helfen, Informationen mit anderen zu teilen.

Atomic Notes

Ein ebenso wichtiger Punkt ist, dass Sie Ihre Notizen so klein wie möglich fassen. Jede „atomar kleine" Information bekommt eine eigene Karte in Ihrem Second Brain. Der Vorteil liegt auf der Hand: Wenn Sie anschließend Verknüpfungen mit anderen Notizen herstellen möchten, wissen Sie sofort, auf welche Information sich die Verknüpfung bezieht.

Wenn Sie ein Fachbuch lesen, finden Sie eine Menge Informationen, die Sie in Ihr Second Brain aufnehmen wollen. Haben Sie nur eine Karte für den gesamten Buchinhalt, wissen Sie bei einer Verknüpfung später nicht mehr, auf welchen Teil des Buches sie sich bezieht.

Nur eine Idee pro Karte

Haben Sie nur eine einzige Idee auf Ihrer Karte notiert, ist der Zusammenhang gleich klar. Sie müssen nicht erst lange nach dem passenden Absatz suchen oder vielleicht gar nicht auf Anhieb mehr darauf kommen, welche Textstelle Sie für eine Verknüpfung ausgewählt haben.

Fast wichtiger ist jedoch, dass Sie sich so auch lediglich auf eine einzige Idee konzentrieren. Gedanklich sind Sie dann nur bei einem kleinen Ausschnitt, einer einzigen Idee und nicht bei aneinandergereihten und in logische Abfolge gebrachten Informationen. Damit können Sie viel besser eigene Verknüpfungen erstellen und müssen sich nicht mehr an denen des Autors oder der Autorin orientieren.

> **Große Notizen vs. Atomic Notes**
> Stellen Sie sich vor, Sie wollen in einer fremden Stadt ein bestimmtes Restaurant besuchen. Es reicht nicht, lediglich den Namen der Stadt ins Navi einzugeben. Die Informationen, die damit einhergehen, sind einfach zu umfangreich. Um wirklich zum Ziel zu kommen, brauchen Sie auch den Straßennamen und die Hausnummer. Ähnlich verhält es sich mit dem Detaillierungsgrad der „Atomic Notes" in Ihrem Second Brain – so können Sie die Verbindungen von einem zum anderen Ort genau herstellen.

Haben Sie keine Sorge, dass die Menge an Karten Sie überfordern könnte. Der Sinn des Second Brain ist es, dass Sie die Informationsmenge getrost vergessen und sich dafür auf die Verknüpfungen dazwischen konzentrieren dürfen.

Neue Informationen

Informationen, die Sie in Ihr Second Brain aufnehmen, sind für Sie neu oder schon so lange vergessen, dass Sie Ihnen ein ehrliches „Ach ja, stimmt ..." entlocken. Es nutzt nichts, Informationen aufzunehmen, die Ihnen schon lange und gut bekannt sind. Mit diesen haben Sie sich schon so gut beschäftigt, dass Sie möglicherweise keine neuen Verknüpfungen mehr herstellen können.

Dadurch, dass Sie sich auf „Atomic Notes" konzentrieren, können Sie dieses Prinzip ganz einfach verfolgen. So kann es sein, dass Sie aus einem Buch nur eine einzige Information in Ihr Second Brain aufnehmen. Der Fokus liegt auf der Qualität der Information, nicht auf ihrer Quantität.

Relevante Informationen

Der wahrscheinlich wichtigste Punkt ist jedoch, wie ich schon in Kapitel 4.3 beschrieben habe, dass Sie ausschließlich qualitativ hochwertige Informationen in Ihr Second Brain aufnehmen sollten. Es ist dafür da, neue Ideen zu entwickeln und zukünftige Probleme zu lösen. Rutschen Meinungen in das Second Brain und sind nicht als solche erkennbar, wird die objektive und kreative Lösungsfindung schwierig.

Fakten oder Meinung?
Ein **Fakt** ist: *Es gibt heute mehr rauchfreie Lokale als 1980.*
Eine **Meinung** ist: *Rauchfreie Lokale sind gut.*

In den Medien begegnen Ihnen immer wieder Sätze, die auf den ersten Blick wie Fakten aussehen, doch als Meinung getarnt sind:
Es gibt heute endlich mehr rauchfreie Lokale als noch 1980.

Textmuster erkennen und nutzen

Viele Texte sind nach ähnlichen Mustern aufgebaut. Ein solches Muster zu erkennen, kann Ihnen helfen, die wichtigen Informationen schnell zu finden und zu extrahieren. Eines dieser Muster stammt etwa von Cal Newport, Professor an der Georgetown University und New-York-Times-Bestsellerautor.

Er sucht in neuen Texten nach dem „Q/E/C"-Muster:

- **Q**uestion (Frage)
- **E**vidence (Beweis)
- **C**onclusion (Schlussfolgerung)

Nach diesem Muster durchsucht er einen Text nach einer ersten Frage, anschließend nach dem dazu passenden Beweis und letztendlich nach der Schlussfolgerung, die daraus gezogen wird.

Offene Enden lokalisieren

Insgesamt bedeutet das, dass Sie bewusst und zielgerichtet auf Informationen achten und diese gründlich durcharbeiten müssen, bis Sie den Kern der Information so gut verstanden haben, dass Sie ihn selbst mit eigenen Worten formulieren können. Während Sie das tun, werden Ihnen sicher schnell offene Enden auffallen, mögliche andere Lösungen oder Folgefragen, die sich ergeben. Behalten Sie das im Kopf. Mit der Zeit werden die fünf Schritte mehr und mehr ineinander übergehen. Nur für den Anfang endet der Schritt hier und Sie können gedanklich zum nächsten Schritt übergehen, mit dem Sie die Informationen in Ihr Second Brain aufnehmen.

Der erste Schritt ist das aufmerksame Lesen und gezielte Notieren. Dabei ist es wichtig, die Information wirklich zu verstehen und nicht bloß eine Illusion von Verständnis zu erzeugen. Das können Sie am besten prüfen, indem Sie das Wissensstück mit Ihren eigenen Worten notieren.

6.2 Informationen aufnehmen

Nach dem ersten Schritt haben Sie die Informationen, die Sie in Ihr Second Brain aufnehmen wollen, in verschiedenen Formen vor sich. Vielleicht sind es kleine oder große Zettel mit selbst formulierten Sätzen, vielleicht Skizzen oder markierte Textstellen mit Randnotizen. In diesem nächsten Schritt geht es darum, diese Information geordnet in das Second Brain zu übernehmen.

Aufbau Ihrer Notiz

Um auf Ihren Notizen die wichtigen Informationen immer auf einen Blick zu erkennen, müssen sie einen einheitlichen Aufbau haben. Nur wenn Sie für das Finden der Informationen keine „geistigen Kalorien" verbrennen müssen, können Sie kreativ mit dem Inhalt arbeiten.

Für Ihren eigenen Aufbau definieren Sie ein eigenes Template. Legen Sie fest, was Sie wo auf der Seite sehen möchten.

Informationen priorisieren

Vermutlich möchten Sie Ihr Second Brain digital führen. Damit ist die Größe des Notizzettels praktisch unbegrenzt. Ihre „Atomic Notes" sind auch dafür sehr nützlich. Doch auch wenn nur ein einziger Gedanke auf Ihrem Notizzettel hinterlegt ist, kann der Text manchmal so lang werden, dass Sie scrollen müssen, um alles zu lesen.

Above the fold

Um sofort auf alle wichtigen Informationen blicken zu können, hilft Ihnen ein Prinzip, das ursprünglich aus dem Zeitungslayout kommt und auch heute noch im Webdesign angewandt wird: „Above the fold", also über der Falz, werden alle Informationen gezeigt, die der Betrachter sofort sehen soll, also eine mitreißende Headline, die so neugierig macht, dass Sie die Zeitung aufklappen und weiterlesen möchten. Für Ihr Second Brain bedeutet das, dass Sie über der imaginären Falz, also dem unteren Rand Ihres Bildschirms, alles über die Information erfahren, was Ihnen auf den ersten Blick wichtig ist. So können Sie sofort entscheiden, ob Sie mit der Notiz arbeiten möchten. Weniger wichtige Informationen sind erst erreichbar, wenn Sie etwas weiter scrollen.

Persönliches Template

Überlegen Sie für Ihr Template auch, welche Metadaten Sie wirklich brauchen. Überfrachten Sie Ihren digitalen Notizzettel nicht mit Daten, die Sie nicht sicher nutzen. Auch hier ist weniger mehr.

Mit diesem Template blicken wir schon ein Stück weit auf den nächsten Schritt: das Verknüpfen von Informationen untereinander. Sie erkennen aber auch ohne diesen Schritt schon jetzt, dass mir die Kernidee besonders wichtig ist, weswegen sie ganz oben steht. Das wird Ihnen vermutlich ebenso gehen. Abbildung 8 zeigt den gesamten Bereich, der für mich ohne zu scrollen sofort sichtbar ist. Die Kernidee ist somit in der Regel in Gänze zu sehen.

Wie wichtig ist die Information?

Die Quelle dagegen ist für mich persönlich so wichtig, dass ich sie aufnehme, doch nicht so wichtig, dass ich sie auf den ersten Blick sehen muss. Ebenso wenig wichtig sind für mich Tags (und Stichworte), die ich recht weit am Schluss aufführe. Dabei geht es mir in erster Linie darum, eine Notiz wiederfinden zu können, wenn ich nach einem bestimmten Wort suche, das sonst auf der Seite nicht vorkommt. Dazwischen habe ich Platzhalter für das Verknüpfen gesetzt. Genau das schauen wir uns jetzt genauer an.

Template01

1	Beschreibung mit Highlight.
2	
3	
4	**Dabei denke ich sofort an:**
5	
6	
7	**Woher:**
8	
9	
10	**Wohin:**
11	
12	
13	**Gegenteil:**
14	
15	
16	**Ähnlichkeit:**
17	
18	
19	**Tags:**
20	
21	
22	**Quelle:**
23	

Abb. 8: Personalisiertes Template

Um Informationen aufzunehmen, nutzen Sie am besten die immer gleiche Struktur. Das hilft Ihnen, sich später schnell wieder zurechtzufinden und den Kern der Information zu erfassen. Legen Sie dabei besonderen Wert darauf, die Informationen gut zu strukturieren, die Sie auf den ersten Blick oder in einer Vorschau erfassen können.

6.3 Verknüpfungen herstellen

Nun verfügen Sie mit dem zweiten Schritt über eine ganze Menge guter, strukturierter Informationen. Jetzt verknüpfen Sie sie miteinander. Dieser Schritt ist wahrscheinlich der wichtigste im gesamten Prozess. Wie ich anfangs schon schrieb, werden Ihnen sicher von Beginn an Ideen kommen oder Fragen einfallen, während Sie sich die Notizen erarbeiten oder sie in Ihr Second Brain aufnehmen. Die Schritte werden mit der Zeit nicht mehr voneinander zu trennen sein. Das ist auch gar nicht der Anspruch – im Gegenteil: Es ist wirklich wertvoll, diese Ideen aufzunehmen.

Zufällige Verknüpfungen

Es wird Ihnen immer wieder passieren, dass Sie eher zufällige Verknüpfungen herstellen können. Das kann daran liegen, dass Sie kurz zuvor über ein anderes Thema gelesen haben und Sie einen Zusammenhang herstellen können, weil es noch sehr präsent ist. Nehmen Sie sie gern auf. Doch wie schon rund um das Thema Brainstorming und Co. ausgeführt, wollen wir uns auf solch zufällige Verknüpfungen nicht verlassen. Deswegen brauchen wir Muster, nach denen wir Verknüpfungen herstellen können, die zwar nicht immer vollständig funktionieren müssen, jedoch gesichert wenigstens einige Verknüpfungen aufbauen.

Verknüpfungskompass

In einem Video der YouTuberin Vicky Zhao bin ich auf ihre wunderbar einfache Methode gestoßen, mit der sie Informationen miteinander verknüpft. Sie nutzt die Metapher eines Kompasses, bei der jede Himmelsrichtung für eine andere Frage steht, unter deren Gesichtspunkt eine Information betrachtet wird:

↑ Norden

Woher kommt diese Idee? Wo hat sie ihren Ursprung? Auf welchen Überzeugungen, Gedanken oder Schulen basiert sie?

→ Osten

Was ist das Gegenteil dieser Idee? Was fehlt noch? Welche Lücken tun sich auf oder welche Fragen ergeben sich daraus?

↓ Süden

Wo kann diese Idee hinführen? Welche anderen Ideen könnten schon jetzt darauf beruhen?

← Westen

Was hat diese Idee mit anderen Ideen gemein? Mit welchen kann man sie vergleichen?

Das möchte ich gern anhand eines Beispiels genauer betrachten. In der Ausgabe 301 des Magazins „managerSeminare" lese ich einen Artikel von Hennig Beck. Kernidee und Titel lauten:

„Nur wer aufschiebt, kann gewinnen."

↑ Norden

Die Idee beruht darauf, ein Gegensatz zu den gängigen Zeitmanagement- und Produktivitätstechniken zu sein. Mit ihnen wird uns schon lange gesagt, dass wir Aufgaben frühzeitig beginnen und ausreichend Puffer einplanen müssen.

→ Osten

Eine Lücke sehe ich darin, dass sich die Forschung beispielsweise auf den Transport von Wassereimern über eine übersichtliche Wegstrecke stützt. Viele andere Aufgaben, wie beispielsweise das Schreiben eines Textes, sind nicht von Anfang an so gut überschaubar und haben kein so fest definiertes Ziel.

Lesen Sie den Text, den Sie schreiben wollen, in zwei Tagen noch einmal, fallen Ihnen sicher noch weitere Dinge ein, die Sie noch aufnehmen möchten, oder Fehler, die Sie korrigieren wollen. Wenn Sie also mit Sicherheit sagen können, ob ein Wassereimer über eine Ziellinie getragen wurde, können Sie nur selten mit Sicherheit sagen, dass ein Text fertig geschrieben ist und nicht mehr verändert werden muss.

Eine weitere Lücke sehe ich darin, dass möglicherweise neue Informationen dazukommen müssen, damit ein Arbeitsergebnis wachsen kann und besser wird. Es ist also nicht einfach ein unvorhergesehenes Problem, dass Sie Ihren Text in mehreren Schritten schreiben, sondern schlicht notwendig. Gesetzt den Fall, dass der Eimer nicht zu schwer und die Strecke nicht zu weit ist, brauchen Sie vom Start bis zum Ziel keine Unterbrechungen einzulegen. Um Ihren Text fertigstellen zu können, müssen Sie zwischendurch weiter recherchieren, Abbildungen entwickeln und Feedback einarbeiten.

Diese Schritte machen es einfach notwendig, früher mit der Arbeit anzufangen, als bis zum Ende der Frist noch reine Arbeitszeit übrig ist.

↓ Süden

Diese Idee kann dazu führen, dass Leser und Leserinnen sich weniger unnötig unter Druck setzen, wenn sie eine Aufgabe nicht gleich und vollständig erledigen. Letztendlich führt es dazu, Aufgaben und Ziele nicht allein zu betrachten, sondern auch den Kontext.

← Westen

Es gibt noch eine ganze Reihe weiterer Ideen, die nur auf den ersten Blick widersprüchlich sind. Dazu gehört zum Beispiel „Weniger ist mehr" oder „Liebe deine Schwächen". All diese Ideen haben gemeinsam, dass sich der Widerspruch nur auf eine Ebene bezieht und dass sich eine neue Ebene auftut, die bis dahin unsichtbar war.

TRIZ

Weitere Inspirationen für systematische Verknüpfungen liefert das System TRIZ. Der Name ist ein russisches Akronym und bedeutet übersetzt so viel wie „Theorie des erfinderischen Problemlösens". TRIZ wurde von Genrich Saulowitsch Altschuller und Rafael Borissowitsch Shapiro unter Einfluss von Dmitri Dmitrijevitsch Kabanov entwickelt.

Auch wenn es vornehmlich Ideen für das Lösen von Problemen im technischen Bereich liefert, sind einige der Prinzipien durchaus auch für andere Bereiche sinnvoll.

Zum TRIZ-Methodenkasten gehören eine Widerspruchstabelle und 40 Innovationsprinzipien. Ich möchte an dieser Stelle lediglich ein paar dieser Prinzipien ansprechen und Sie einladen, auch die anderen für sich zu prüfen.

Prinzip 6 – Universalität

Hier wird beschrieben, dass ein Objekt mehrere Funktionen übernehmen, also universell einsetzbar sein kann und damit andere Objekte überflüssig macht. Ein gängiges Beispiel dafür ist das Schlafsofa, das durch geringfügige Änderungen die Funktion eines Sofas und eines Bettes übernehmen kann.

Fragen Sie sich, wenn Sie die Information in Ihrem Second Brain betrachten:

- Für welches Problem könnte dies auch eine Lösung sein?
- Für welche Probleme ist dies schon eine Lösung und was kann ich daraus lernen?
- Welche ähnlichen Fragestellungen habe ich schon? Und warum kann diese Information dafür keine Lösung sein?

Prinzip 8 – Gegengewicht

Hier wird besonders klar, dass es sich bei TRIZ vornehmlich um die Lösungsfindung im technischen Bereich handelt: In diesem Prinzip wird bedacht, dass das Gewicht eines Objektes durch ein Gegengewicht kompensiert wird. Gut zu sehen ist das zum Beispiel bei Gabelstaplern, die hinten ein besonders schweres Gewicht haben, um vorne schwere Lasten heben zu können.

Wenn Sie nun die Information aus Ihrem Second Brain durch die Brille dieses Prinzips betrachten möchten, stellen Sie sich folgende Fragen:

- Wenn ich diese Information für ein Problem einsetze, was wird dann besser oder schlechter?
- Was bedeutet das für das Problem insgesamt?
- Was bedeutet das für andere Informationen?

Prinzip 13 – Umkehr

Für dieses Prinzip wird buchstäblich alles auf den Kopf gestellt. Gängige Muster werden durchbrochen und der Satz „das habe ich schon immer so gemacht" hat keine Gültigkeit mehr. Ich kann mir vorstellen, dass dieses Prinzip für die Betrachtung in Ihrem Second Brain möglicherweise besonders spannend ist. Es kann wunderbar Lücken zwischen einer Information und dem Kontext aufdecken.

Ein gutes Beispiel aus dem technischen Bereich ist eine Drehbank. Dort wird nicht das Werkzeug bewegt, sondern das Werkstück. Um diesen Gedanken in Ihr Second Brain einfließen zu lassen, fragen Sie sich:

- Was ist das genaue Gegenteil dieses Gedankens und was würde es bewirken?
- Wie müsste ich das System oder andere Informationen verändern, um sie an diesen Gedanken anknüpfen zu lassen?
- Wie müsste ich diese Information verändern, damit sie an andere anknüpft?

Prinzip 17 – Höhere Dimensionen

Mit diesem Prinzip wird Bestehendes nicht einfach weiter ausgeweitet, sondern in die dritte Dimension übertragen. Beispiele dafür sind Speichermedien, die in mehreren Schichten übereinanderschreiben. Um es für Ihr Second Brain zu nutzen, können Sie sich diese Fragen stellen:

- Was passiert, wenn ich den Kern dieser vorhandenen Information mehrfach auf ein Problem anwende?
- Welche Lücken oder welche Überschüsse entstehen?
- Wo würde diese Information dann anknüpfen können?

Prinzip 21 – Durcheilen

Dieses TRIZ-Prinzip besagt, dass schädliche oder gefährliche Aktionen mit sehr hoher Geschwindigkeit durchgeführt werden. So kann man im technischen Bereich beispielsweise ungewünschte Verformungen oder Splittern von Werkstücken verhindern, wenn sie mit einer ausreichend hohen Geschwindigkeit bearbeitet werden.

Auf den ersten Blick mag es für Wissensarbeiter nicht gut sein, Dinge zu durcheilen. Dabei könnte es passieren, dass Wichtiges nicht bearbeitet werden kann und deswegen auf der Strecke bleibt. Dass ein hohes Tempo auch in der Wissensarbeit sinnvoll sein kann, sehen wir spätestens seit der Methode des „Time Boxing" oder den „Sprints" im agilen Umfeld.

Für dieses Prinzip können wir uns also sowohl die negativen als auch die positiven Auswirkungen einer höheren Geschwindigkeit ansehen. Um es für Ihr Second Brain zu nutzen, können Sie sich folgende Fragen stellen:

- Was passiert, wenn der Kern dieser Information sehr schnell durchgeführt wird?
- Welche Vorteile und welche Nachteile können entstehen?
- Wofür könnte ich die übrige Zeit verwenden, wenn ich mir an diesem Punkt absichtlich wenig Zeit lasse?

Prinzip 32 – Farbveränderung

Zugegeben: Für die meisten Dinge, mit denen wir als Wissensarbeiter arbeiten, ist es kaum möglich, signifikant die Farbe zu verändern. Mit diesem Prinzip ändern wir jedoch das Aussehen, also das, was andere Personen wahrnehmen.

Im technischen Bereich liegt diese Veränderung beispielsweise darin, Dinge transparent zu entwickeln, damit sie den Blick auf etwas Dahinterliegendes ermöglichen. Ein gängiges Beispiel ist auch ein Kontrastmittel, das für eine MRT-Aufnahme zum Einsatz kommt.

Diese Fragen können Ihnen bei Verknüpfungen für Ihr Second Brain behilflich sein:

- Wie kann ich diese Information reframen, damit sie positiver oder negativer wahrgenommen wird?
- Was passiert, wenn diese Information in der Anwendung auch für andere sichtbar und bewusst ist, wie verändert das das System?
- Was passiert beim genauen Gegenteil, wenn ich diese Information also anwende, ohne das für das System sichtbar zu machen?

Prinzip 34 – Beseitigung oder Regeneration

Mit diesem Prinzip werden alle Teile eines Systems, die ihre Funktion erfüllt haben und nicht mehr gebraucht werden, entfernt. Auch das ergibt im technischen Bereich Sinn, wenn zum Beispiel bei einem Raketenstart die Rakete verschiedene Elemente abwirft, sobald ein bestimmter Punkt erreicht ist. Und auch dieses Prinzip können wir adaptieren und auf die Wissensarbeit anwenden. Denn es ist möglich, dass Teile der Information nicht für die komplette Lösung eines Problems notwendig sind.

Für Verknüpfungen in Ihrem Second Brain können Ihnen folgende Fragen helfen:

- Was passiert, wenn diese Information nicht mehr zur Verfügung steht, also nicht mehr einsetzbar ist?
- Was muss passieren, um diese Informationen überflüssig zu machen?
- Welche guten und welche weniger guten Auswirkungen bringt das mit sich?

Um Informationen miteinander zu verknüpfen, können Sie auf mehrere Konzepte zurückgreifen. Eines davon ist der Verknüpfungskompass, ein anderes ist es, sich an schon bekannten Mustern wie TRIZ zu orientieren. Ihnen werden mit der Zeit jedoch immer öfter direkte Verknüpfungen einfallen, ohne ein Muster zu gebrauchen.

6.4 Wachsen lassen

Um Ihr Second Brain wachsen zu lassen, müssen Sie es regelmäßig „füttern". Kennen Sie den Ausdruck „instagramable"? Dieses erfundene Wort beschreibt, dass Menschen durch den Alltag gehen, besondere Plätze aufsuchen oder spannende Menschen treffen und dabei gleich im Hinterkopf haben, wie sich diese Begebenheiten auf Instagram abbilden lassen. Sie denken praktisch in Content für ihr Instagram-Profil. Etwas Ähnliches wird Ihnen mit der Zeit mit Ihrem Second Brain passieren. Jede neue Information werden Sie nicht einfach aufnehmen, sondern instinktiv sofort darauf prüfen, ob sie in Ihr Second Brain einziehen dürfte. Die Kriterien dafür habe ich in Kapitel 4 – „Was gehört in ein Second

Brain – und was nicht?" genauer beschrieben. Sie werden ganz automatisch nach den Informationsarten filtern, sofort erkennen, ob Sie sich von FOMO leiten lassen, und Sie werden instinktiv die Qualität der Informationen prüfen.

System verselbstständigt sich

Auch die einzelnen Schritte, mit denen Sie Informationen in Ihr Second Brain aufnehmen, werden mit der Zeit schneller gehen und ineinander verschwimmen. Irgendwann werden Sie nicht mehr überlegen, ob Sie eine Notiz „Atomic" aufgenommen haben, sondern Sie werden sie automatisch in der Struktur notieren, die Sie sich für Ihr Second Brain überlegt haben. Auch die Verknüpfungen untereinander kommen ganz von allein, ohne dass Sie noch nachlesen müssen, wie der Verknüpfungskompass funktioniert oder welche anderen Fragen Sie sich stellen möchten. Einige Dinge sind dennoch wichtig.

Routine entwickeln

Es hilft Ihnen nicht, ein Second Brain anzulegen, es initial einmal mit Informationen zu füllen und später nur noch sporadisch damit zu arbeiten. Wie bei vielen Dingen zählt auch für Ihr erfolgreiches Second Brain eine gewisse Routine. Überlegen Sie, was wirklich zu Ihnen passt, damit Sie das Second Brain in Ihren Alltag übernehmen können. Hilft es Ihnen, sich feste Zeiten im Kalender zu blocken, in denen Sie lesen und anschließend die Information übernehmen? Ist es für Sie besser, erst ein ganzes Buch durchzulesen und anschließend die Kerninformationen in Ihr Second Brain zu übertragen? Oder ist es irgendetwas ganz anderes?

Informationen verknüpfen

Wenn Sie noch nicht genau wissen, wie Sie persönlich am besten Routinen aufbauen und Ihr Verhalten verändern können, versuchen Sie es doch gleich einmal mit dem Verknüpfen mit allen Informationen:

- Haben Sie einmal geraucht und es dann aufgegeben? Wie haben Sie das geschafft?
- Treiben Sie regelmäßig Sport? Wie ist es dazu gekommen?
- Wie motivieren Sie sich, wenn Sie Aufgaben zu erledigen haben, die überhaupt keinen Spaß machen?

Regelmäßig neue Infos einpflegen

Natürlich sind Sie darauf angewiesen, regelmäßig interessante und qualitativ hochwertige Informationen zur Verfügung zu haben, damit Sie diese überhaupt in Ihr Second Brain übernehmen können. Überlassen Sie das nicht dem Zufall. Vielleicht abonnieren Sie spannende Blogs, Podcasts oder Fachmagazine. Für alles, was Sie nicht über den Push-Weg erhalten, richten Sie sich eine Routine ein, um diese Informationen einzusammeln. Besuchen Sie beispielsweise regelmäßig Presseportale oder Webseiten von Instituten, die für Sie relevante Informationen dort zusammenstellen.

Vielfalt

Mir persönlich ist Vielfalt wichtig. So habe ich nicht nur Fachzeitschriften abonniert, sondern auch Podcasts oder YouTube-Kanäle. Ich merke jedoch auch, dass die Informationen, die ich lese, am einfachsten in mein Second Brain einziehen, weil ich mit ihnen am besten arbeiten kann. Finden Sie für sich selbst heraus, welche Medien Ihnen besonders liegen.

Entwickeln Sie eine Routine, mit der Sie regelmäßig neue Informationen in Ihr Second Brain aufnehmen, sie untereinander verknüpfen und es so wachsen lassen. Wenn Sie feste Kanäle nutzen, über die Sie regelmäßig neue Informationen bekommen, kann Ihnen das helfen.

6.5 Arbeiten

Natürlich machen Sie all das nicht, um einfach nur ein Second Brain zu besitzen – Sie wollen auch damit arbeiten. In diesem fünften Schritt schauen wir uns an, wie Sie das tun können. Für die Arbeit mit Ihrem Second Brain können Sie verschiedene Wege nutzen.

Der natürlichste Weg ist der, die Fragen weiterzuverfolgen, die schon bei der Verknüpfung der Ideen untereinander entstehen. Mit der Zeit werden Sie diese Fragen durch weitere bestehende Informationen beantworten können. Doch gerade am Anfang wird der Schwerpunkt darauf liegen, dass Sie weitere Informationen recherchieren und aufnehmen. Schauen Sie auch später, wenn Ihr Second Brain gut gefüllt ist, immer wieder über den Tellerrand und suchen nach neuen Informationen. So vermeiden Sie die Gefahr, dass Ihr Second Brain zu einem geschlossenen System wird.

Anknüpfungspunkte finden

In den meisten Fällen werden Sie jedoch neue Fragen haben, die Sie mithilfe Ihres Second Brain beantworten wollen. Diese Fragen haben sich nicht schon daraus ergeben, dass

Sie Informationen miteinander verknüpft haben, sondern sie entstehen, während Sie an einem Projekt arbeiten oder weil sie von außen an Sie herangetragen werden. Um solche Fragen zu beantworten, können Sie ganz ähnlich vorgehen wie bei neuen Informationen, die Sie in Ihr Second Brain aufnehmen wollen. Sie versuchen, diese Frage mit bereits bestehenden Informationen zu verknüpfen, also Antworten darauf zu finden.

Der Clou liegt darin, dass Sie nicht nur auf diese eine Information zurückgreifen können, um eine mögliche Antwort zu finden. Durch die Verknüpfung der Informationen untereinander haben Sie die Möglichkeit, auch auf ähnliche oder vollkommen gegenteilige Informationen zu kommen und damit ganz neue Lösungsansätze zu entwickeln. Hier wird ganz klar, dass die Qualität der Informationen selbst und die der Verknüpfungen untereinander essenziell ist.

Zufälliger Einstieg

Manche Fragen knüpfen an gar keine Information in Ihrem Second Brain an. So ist es auf den ersten Blick schwierig, einen Einstiegspunkt zu finden. Lassen Sie sich nicht entmutigen. Wählen Sie eine zufällige Information als Einstiegspunkt und schauen Sie, ob und wie diese Sie unterstützen kann. Wenn es diese Information nicht kann, kann es eine der verknüpften? Oder geht sie wenigstens in die richtige Richtung? Hangeln Sie sich so durch ein paar der Informationen, bis Sie einen griffigen Pfad finden. Es kann sein, dass Sie diesen Weg mehrfach testen müssen, um überhaupt ein Ergebnis zu erreichen.

> **Wikipedia-Race**
> Ein wunderbares Spiel, zu dem meine Kinder die Idee hatten und das ich selbst manchmal allein spiele, ist das Wikipedia-Race: Ich lasse mir zwei zufällige Artikel auf Wikipedia anzeigen und definiere den einen als Start- und den anderen als Zielpunkt. Nun versuche ich, nur durch Klicken der Links im Text, also der Verknüpfungen untereinander, vom Startartikel den Zielartikel zu erreichen. Das hilft mir, nicht nur auf direkte Verknüpfungen zu achten, sondern auch auf jene, die in eine bestimmte Richtung lenken können.

Thematische Zusammenstellung

Stellen Sie Informationen zusammen wie in einem Katalog, wenn Sie beispielsweise einen Artikel daraus verfassen wollen. Damit haben Sie nicht nur schnell einen Rohentwurf des Textes erstellt, schließlich haben Sie zu jeder Information eine kurze Beschreibung. Sie decken auch Fragen und Lücken auf, die durch die Verknüpfungen nicht entdeckt werden, weil die zusammengestellten Informationen sich einfach nicht zum Verknüpfen eignen.

> **Beispiel Verknüpfung:** In einem Fachartikel zu Team-Meetings, die online durchgeführt werden, finden sich oft Tipps zu einem guten Headset oder dem Dilemma, die Kamera anzuschalten oder Bandbreite zu sparen. Damit sind organisationspsychologische Themen mit technischen verbunden, die innerhalb des Second Brain vermutlich nicht verknüpft sind.

Seien Sie sich sicher, dass Sie mit dieser Art der Informationsverarbeitung sehr viel tiefer in Themen eintauchen als die meisten. Lücken und Fragen, die Sie so zwischen den Informationen aufdecken, werden für andere wahrscheinlich noch gar nicht sichtbar gewesen sein, geschweige denn, dass sie eine Antwort darauf gefunden hätten. Es ist für die Menschen um Sie herum also besonders wertvoll, dass Sie diese Fragen und Lücken betrachten. Das ist hilfreich in Projekten, bei der Wissensübermittlung und in jeder Art der Kommunikation.

In jedem Projekt gibt es eine Person, die jede erdenkliche Lücke aufdeckt. Niemand weiß so genau, wie sie das macht. Doch auch, wenn sie oft ein leichtes Augenrollen provoziert, sind Kollegen und Kolleginnen doch dankbar, dass sie so Fallen aus dem Weg gehen können. Sie haben das Potenzial, diese Person zu sein.

Weiterbildungspotenzial entdecken

Ihnen wird auffallen, dass einige Fragen immer wieder auftauchen, wenn auch in unterschiedlichen Formulierungen. Wenn Sie erkennen, dass es nicht mehr ausreicht, einzelne Informationen aufzunehmen, haben Sie möglicherweise Ihren eigenen Weiterbildungsbedarf entdeckt. Der Vorteil daran ist, dass Sie nicht nur eine große Fülle an Informationen dazugewinnen, sondern möglicherweise auch den gesamten Kontext Ihres Wissens massiv erweitern können.

Trends vorhersagen

Die Verknüpfung der Informationen untereinander wird Ihnen mit der Zeit auch ermöglichen, Zusammenhänge zu erkennen, mit denen Sie die Möglichkeit haben, Trends vorherzusagen. Dies ist besonders dann der Fall, wenn Sie Verknüpfungen nach dem Ähnlichkeitsprinzip herstellen und aus der „älteren" Information schon Kausalitäten erfolgt sind.

Trend zum Homeoffice

Schon lange vor der Covid-19-Pandemie wollten viele Wissensarbeiter und -arbeiterinnen mehr remote arbeiten. Lange war dieser Trend für Unternehmen nicht haltbar, die Ansicht, dass Menschen für die Wissensarbeit in einem Büro sitzen müssten, hielt sich hartnäckig. Parallel dazu wuchs die Forderung nach Vertrauensarbeitszeit und danach, den Fokus für viele Berufe nicht mehr auf die geleisteten Arbeitsstunden zu richten, sondern auf das Arbeitsergebnis. Dies war häufig dem geschuldet, dass in der Wissensarbeit die Gedanken auch nach Arbeitsschluss häufig einen Abstecher zum Arbeitsthema machen. Durch die Pandemie und die damit verbundenen Lockdowns wurden viele Bereiche der Wissensarbeit auf einen Schlag ins Homeoffice verlegt. Es sieht so aus, als wären nun viele Unternehmen den Rufen gefolgt und ermöglichen mehr Remote-Arbeit.

Ein klar strukturierter 5-Schritte-Plan hilft Ihnen dabei, Ihr Second Brain zu starten und in der Folge zu pflegen und zu erweitern. Die 5 Schritte sind:

1. Durch Lesen und Notizenmachen Informationen sammeln,
2. diese Informationen so strukturieren, dass man sie einfach und jederzeit wiederfindet,
3. die Informationen untereinander verknüpfen,
4. das Second Brain wachsen lassen, da es nie „voll" oder „abgeschlossen" ist,
5. und schließlich mit Ihrem Second Brain arbeiten, Lücken aufdecken, Fragen beantworten, sich weiterbilden – die Möglichkeiten sind unendlich.

Anfangs werden Sie diese Schritte noch gedanklich voneinander trennen, doch je mehr Routine Sie bei der Arbeit mit Ihrem Second Brain entwickeln, desto mehr werden die Schritte ineinander übergehen.

Wie gestaltet sich eine Recherche mit KI?

Seite 84

Wie treten wir in einen Dialog mit der KI?

Seite 86

Warum ist es sinnvoll, auch unbekannte Informationen zu verknüpfen?

Seite 87

7. Second Brain und KI

In den letzten Wochen und Monaten hat die Künstliche Intelligenz an enormer Sichtbarkeit in der Gesellschaft gewonnen. Plötzlich gibt es für alle Nutzer frei verfügbar KI-Tools, die Recherchen durchführen und kluge Texte erstellen. Da stellt sich schnell die Frage, ob wir unser Wissen überhaupt noch selbst aufbauen wollen, also ob ein Second Brain überhaupt noch Sinn macht.

Ich bin davon überzeugt, dass die Künstliche Intelligenz unsere menschliche Intelligenz noch lange nicht ersetzen kann und das vielleicht auch niemals können wird. Anstatt vor solchen Tools Angst zu haben oder uns blindlings auf sie zu verlassen, sollten wir sie nutzbringend einsetzen.

Auch ich habe in der letzten Zeit zusehends mehr mit solchen Tools ausprobiert und versucht, sie in meinen Arbeitsalltag zu integrieren. Im letzten Kapitel will ich Ihnen einen sehr kleinen und zeitpunktbezogenen Einblick geben. Mit Sicherheit wird sich in der nächsten Zeit gerade hier noch sehr viel tun.

7.1 Recherchieren

Die wohl einfachste Verwendung für eine KI in Bezug auf die Second Brain kann die erweiterte Recherchemöglichkeit sein. Während Sie bei der Informationsgewinnung im Internet bisher auf Google und andere Suchmaschinen beschränkt waren, bei denen Sie die richtigen Keywords zur Hand haben mussten, ist das mit der KI etwas anderes. Nun haben Sie die Möglichkeit, Informationen in einem Dialog zu erfragen. Auch wenn dieser Dialog bisher noch sehr einfach gehalten und mit genauen Befehlen bestückt sein muss, sind die Ergebnisse hervorragend.

Vorteile der Suche mit ChatGPT

Selbst wenn ich nur in der Lage bin, einen Sachverhalt grob zu umschreiben, liefert mir ChatGPT wertvolle Hinweise, wonach ich noch suchen könnte. Die entsprechende Google-Suche lieferte dagegen Treffer, in denen beschrieben wird, wie Projekte in einer partnerschaftlichen Beziehung ablaufen können oder wie aus Projekten Liebesbeziehungen entstehen.

> S   Ich habe mal von einem Konzept gehört, nach dem Menschen in zwei Typen eingeteilt werden können: Die einen brauchen erst eine gemeinsame zwischenmenschliche Basis, um mit jemandem an einem Projekt arbeiten zu können, die anderen brauchen erst ein gemeinsames Projekt und bilden die zwischenmenschliche Basis darüber. Was kannst du mir über dieses Konzept sagen?

> ⑨   Das von dir beschriebene Konzept bezieht sich auf die zwei unterschiedlichen Herangehensweisen bei der Zusammenarbeit von Menschen. Es gibt hierfür verschiedene Bezeichnungen, aber das Konzept wird oft als "Task- vs. Relationship-Orientierung" oder "Aufgaben- vs. Beziehungsorientierung" bezeichnet.

Auch für die Suche nach einer Quelle kann die KI wertvolle Hinweise liefern.

 Auf wen geht die Aussage "vom Denken zum Handeln" zurück?

Die Aussage "vom Denken zum Handeln" geht auf den US-amerikanischen Philosophen und Psychologen William James zurück. Er prägte den Begriff in seinem Werk "The Principles of Psychology" (1890) und betonte damit die Bedeutung des Handelns für die Veränderung von Gedanken und Überzeugungen.

James argumentierte, dass unsere Gedanken und Überzeugungen oft durch unsere Handlungen und Erfahrungen geformt werden, und nicht nur umgekehrt. Er betonte auch, dass Handlungen oft der beste Weg sind, um uns von unproduktiven oder negativen Gedankenmustern zu befreien.

Die Aussage "vom Denken zum Handeln" wird heute oft in verschiedenen Kontexten verwendet, um die Bedeutung der Umsetzung von Ideen und Plänen in konkrete Handlungen zu betonen. Sie kann auch als Erinnerung dienen, dass unser Denken nur dann wirklich nützlich ist, wenn es uns dabei hilft, positive Veränderungen in unserem Leben zu erreichen.

Über die Google-Suche wurde mir der gleiche Hinweis erst auf Seite 8 angezeigt und ist somit praktisch unsichtbar.

Überprüfung der Informationen

Wie für alle Informationen, die Sie mit Ihrem Second Brain verarbeiten möchten, gilt natürlich auch für die Inhalte, die Sie aus einer KI gewonnen haben, dass Sie sie unbedingt überprüfen sollten. Es könnte passieren, dass wir durch den ständigen auf Dialog ausgerichteten Umgang mit der KI aus den Augen verlieren, dass auch diese Informationen falsch sein können.

Gründe dafür kann es viele geben. Es muss nicht zwingend die Manipulation sein, die heute schon viele hinter solchen Tools erahnen. Möglich sind auch ganz einfache Formulierungs- oder Verständnisprobleme oder die Vereinfachung, weil wir Verständnis implizieren.

Und gerade als ich diesen letzten Absatz schrieb, wollte mir partout ein Wort nicht einfallen, das ich sonst ganz normal im Alltag verwende. Sie kennen das sicher. Auch hier konnte mir die KI gleich weiterhelfen.

Wie nennt man es, wenn ein Gesprächspartner etwas versteht, ohne dass man es genau beschreiben müssen

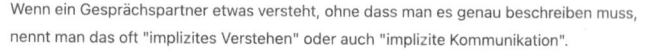

Wenn ein Gesprächspartner etwas versteht, ohne dass man es genau beschreiben muss, nennt man das oft "implizites Verstehen" oder auch "implizite Kommunikation".

KI-Tools wie ChatGPT können Ihnen bei der Recherche nach Informationen helfen. So sind Sie weniger abhängig von Keywords und haben eine größere Chance, Informationen zu finden, von denen Sie bisher nur ein vages Verständnis haben.

7.2 Verstehen & Verknüpfen

Das beste Verständnis für einen Sachverhalt entwickeln wir wahrscheinlich in einem Dialog. Wir haben die Möglichkeit, Fragen zu stellen, das Gehörte in eigenen Worten noch einmal wiederzugeben und Feedback zu erhalten.

Genau einen solchen Dialog, bei dem wir an beliebigen Stellen in die Tiefe gehen können, kann uns eine KI ermöglichen.

> In der Quantenphyik soll es so sein, dass Teilchen erst bei einer Messung entscheiden, ob sie positiv oder negativ sind. Was bedeutet das?

> Das Phänomen, auf das Sie sich beziehen, wird als Quantenverschränkung bezeichnet und bezieht sich auf die Tatsache, dass Teilchen in der Quantenphysik auf unerwartete Weise miteinander verbunden sein können.

An dieser Stelle frage ich etwas weiter über die Definition von Quantenverschränkung und hake später an einer Stelle genauer nach.

> Wenn du sagst "Sobald das Photon gemessen wird, "kollabiert" seine Wellenfunktion und es entscheidet sich entweder für eine positive oder eine negative Ladung." klingt das, als hätte das Photon ein Bewusstsein. Ist das so?

> Nein, das Photon hat kein Bewusstsein. Das Kollabieren der Wellenfunktion ist ein Prozess, der durch die Wechselwirkung zwischen dem Photon und der Messvorrichtung ausgelöst wird. Es ist wichtig zu betonen, dass dies ein rein physikalisches Phänomen ist, das nicht auf eine Art von Bewusstsein oder Entscheidungsprozess des Photons zurückzuführen ist.

Verknüpfen
Gerade bei Informationen, die für uns vollkommen neu sind, kann es schwierig sein, Verknüpfungen herzustellen. Auch hier kann die KI helfen. Für das Beispiel habe ich unseren Dialog zur Quantenphysik weitergeführt.

Auf meine Frage nach Analogien aus der Natur, die uns täglich begegnen, lautet die Antwort, dass es sich bei der Quantenverschränkung um ein einzigartiges Phänomen handelt und es keine bekannten Analogien gibt. Jedoch kann mir die KI andere Phänomene nennen, die auf den ersten Blick widersprüchlich oder paradox erscheinen.

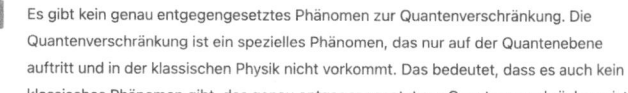

Oder gibt es ein genau entgegengesetztes Phänomen?

Es gibt kein genau entgegengesetztes Phänomen zur Quantenverschränkung. Die Quantenverschränkung ist ein spezielles Phänomen, das nur auf der Quantenebene auftritt und in der klassischen Physik nicht vorkommt. Das bedeutet, dass es auch kein klassisches Phänomen gibt, das genau entgegengesetzt zur Quantenverschränkung ist.

Allerdings gibt es in der Quantenphysik viele andere Phänomene, die auf den ersten Blick widersprüchlich oder paradox erscheinen können. Zum Beispiel gibt es das berühmte Doppelspaltexperiment, bei dem Elektronen als Teilchen und als Wellen beobachtet werden können, je nachdem wie das Experiment durchgeführt wird. Ein weiteres Beispiel ist das Heisenberg'sche Unschärferelationsprinzip, das besagt, dass man die Position und den Impuls eines Teilchens nicht gleichzeitig genau bestimmen kann.

KI-Tools wie ChatGPT können Sie in der Arbeit an Ihrem Second Brain bei der Recherche von Themen, in die Sie bisher nur oberflächlich eingetaucht sind, unterstützen.

- Sie helfen Ihnen dabei, Informationen besser zu verstehen. Dabei sind sie herkömmlichen Suchmaschinen überlegen.
- Auch hier gilt selbstverständlich, dass Sie die Informationen auf ihren Wahrheitsgehalt und ihre Plausibilität prüfen.
- Nicht zuletzt hilft Ihnen KI dabei, unterschiedlichste Informationen zu verknüpfen.

Fast Reader

1   Was ist ein Second Brain?

Auf den ersten Blick ist ein Second Brain ein ausgelagerter Wissensspeicher. Alles, was Sie sich nicht merken können oder wollen, lassen Sie in Ihr Second Brain einfließen. Besonders hilfreich dabei ist, dass Sie die enthaltenen Informationen miteinander verknüpfen können. So entstehen neue Ideen, Gedanken und Fragen, auf die es eine Antwort zu finden gilt. Das funktioniert dadurch, dass Informationen nicht in Silos gespeichert sind, sondern auf der gleichen Ebene liegen.

Es gibt drei Gründe, warum die Arbeit mit einem Second Brain besser funktioniert:

1. Mit einem Second Brain suchen wir nicht nach einer Lösung, die es so schon einmal gegeben hat, sondern nach völlig neuen Verbindungen.
2. Die in einem Second Brain gefundenen Verbindungen sind so neu, dass uns eine intuitive Bewertung sehr schwerfällt und wir deswegen mögliche Lösungen nicht von vornherein abtun.
3. Dadurch, dass bei einem Second Brain alle Informationen auf der gleichen Ebene liegen, fällt es uns leichter, Verknüpfungen untereinander herzustellen.

2 Warum haben Brainstorming und Co. ausgedient?

Gängige, bisher angewandte Methoden des Brainstormings eignen sich kaum, um neue und kreative Lösungen zu finden. Das liegt an drei Dingen:

1. Das Ziel dieser Methoden ist es, eine Lösung zu finden, die für ein früheres ähnliches Problem funktioniert hat. Da die heutigen Probleme immer komplexer werden, sind diese Lösungsansätze aber nicht mehr einfach so übertragbar.

2. Wenigstens unbewusst werden bei diesen Methoden Lösungsideen schnell bewertet. Das kann durch die Person passieren, die die Idee hat und sich entschließt, sie nicht zu teilen, oder durch die anderen Teilnehmer und Teilnehmerinnen. Nicht zuletzt im Zuge der Gruppendynamik gehen kreative Ideen unter, die zu einer guten Lösung hätten werden können.

3. Die gängigen Methoden lassen im ersten Schritt erst mal nur den Blick auf Informationen zu, die in der nahen Vergangenheit aufgenommen wurden. Bei längerem Nachdenken fallen uns Informationen ein, die schon sehr lang zurückliegen, wenn sie für uns irgendwie bedeutsam waren. Alle kleinen Informationen dazwischen werden nicht berücksichtigt.

3 Für wen lohnt sich ein Second Brain?

Obwohl das Second Brain seinen Ursprung im bekannten Zettelkasten von Niklas Luhmann hat, eignet es sich nicht nur für Menschen, die wissenschaftlich arbeiten, sondern für alle, die generell mit Wissen arbeiten.

- Dabei kann ein Second Brain in die Tiefe entwickelt werden, also das Expertenwissen auf- oder ausbauen, oder
- in die Breite, um fachbereichsübergreifend Wissen aufzunehmen und miteinander zu verknüpfen.

4 Was gehört in ein Second Brain – und was nicht?

In ein Second Brain gehören nur jene Wissensnotizen, die nicht flüchtig sind und somit nicht so schnell veralten. Notizen, die Sie zu Projekten erfassen oder die Sie kurze Zeit darauf nicht mehr brauchen, finden hier keinen Raum.

- Achten Sie dabei darauf, dass diese Informationen wahr, möglichst aktuell und möglichst vollständig sind.
- Ein großes Problem kann FOMO („Fear of missing out"), also die Angst, wichtige Informationen zu verpassen, darstellen. Sie werden jedoch in Ihrem Second Brain nicht das gesamte Wissen zu einem Thema abbilden können. Es geht dabei um Ihre persönlichen Ideen.
- Wichtig ist nicht, möglichst viele Informationen zu sammeln, sondern die nützlichsten und besten: Qualität geht stets vor Quantität!

5   Das Second Brain in digitalen Zeiten

Vermutlich möchten Sie Ihr Second Brain auch in einem digitalen Tool führen. Das hat Vorteile, insbesondere bezogen auf den Platzbedarf und die Fehleranfälligkeit. Es gibt eine Vielzahl an digitalen Möglichkeiten, wie Sie Ihr Second Brain umsetzen können.

- Zur Auswahl stehen Programme wie z. B. Zettlr, Zkn[3] oder Obsidian.
- Vergleichen Sie diese und andere Programme und prüfen Sie, welche Ihre Bedürfnisse am besten erfüllen.
- Neben dem Handling und der Optik ist auch der Speicherplatz Ihrer Daten ein Auswahlkriterium.

6   Der 5-Schritte-Plan

Der initiale Aufbau und die kontinuierliche Pflege Ihres Second Brain lassen sich in fünf Schritten beschreiben.

- **Lesen und notieren** Sie nur neue Informationen, die auf Tatsachen beruhen. Auch Textmuster wie Q/E/C, bei dem Texte durch eine Frage, einen Beweis und eine Zusammenfassung gegliedert sind, können Ihnen helfen.
- Achten Sie darauf, dass die **Informationen** so aufgebaut sind, dass Sie schnell alles **aufnehmen** können, was wichtig ist, und sie in einer festen Struktur aufbereitet sind.
- Stellen Sie strukturiert **Verknüpfungen** zwischen den Informationen her, beispielsweise mit dem Verknüpfungskompass oder Fragen angelehnt an die TRIZ-Methode.

- Etablieren Sie eine persönliche Routine und sorgen Sie für einen regelmäßigen Informationsnachschub, der Ihr Second Brain **wachsen** lässt.
- Gehen Sie an die **Arbeit**: Beantworten Sie mithilfe des Second Brain Fragen, tragen Sie relevante Informationen zusammen, entdecken Sie Trends oder neue Sichtweisen zu einem Sachverhalt oder nutzen Sie das inhärente Weiterbildungspotenzial.

7 Das Second Brain und die KI

Am Einsatz von Künstlicher Intelligenz kommen wir kaum noch vorbei. Anstatt uns zu sorgen, ob unser Wissen noch gebraucht wird, können wir die KI nutzen, um es noch besser zu machen.

- Der einfachste Weg ist, die KI bei der Recherche einzusetzen. Gegenüber Google hat das den Vorteil, dass wir uns nicht mehr auf Keywords beschränken müssen, sondern auch Sachverhalte umschreiben können.
- Eine weitere Einsatzmöglichkeit ist, mit der KI in einen Dialog zu treten, um Dinge besser hinterfragen und somit verstehen zu können.
- Und eine dritte Möglichkeit ist die, Verknüpfungen zu entdecken, auf die wir selbst möglicherweise gar nicht gekommen wären.

Die Autorin

 **Stephanie Selmer** ist Rednerin und Unternehmensberaterin. Als Rednerin spricht sie über Veränderungskommunikation, Kreativität und Hochbegabung.

Für Unternehmen in Veränderungsprojekten entwickelt sie individuelle Kommunikationskonzepte und Change Storys. In den letzten Jahren hat sie so mehr als 275.000 Menschen durch unternehmerische Veränderungsprozesse geleitet.

Ihr persönliches Second Brain begleitet sie für diese Arbeit schon seit mehreren Jahren. So kann sie für jedes Projekt neue und individuelle Konzepte entwickeln und Lösungen finden.

Diese Art der kreativen Lösungsfindung möchte sie nun an andere Menschen weitergeben.

Kontakt:
Stephanie Selmer
Speaking & Consulting
E-Mail: hallo@stephanieselmer.com
www.stephanieselmer.com

Weiterführende Informationen

Ahrens, Sönke: Das Zettelkasten-Prinzip
https://www.soenkeahrens.de/

Forte, Tiago: Building a Second Brain
https://fortelabs.com/

Luhmann, Niklas: Universität als Milieu
Kommunikation mit Zettelkästen. Ein Erfahrungsbericht
Universität Bielefeld / Niklas Luhmann Archiv
https://niklas-luhmann-archiv.de/

Zhao, Vicky: YouTube-Kanal BEEAMP
https://www.youtube.com/@VickyZhaoBEEAMP

Register